# 园林 景观设计 实例教程

Landscape Design Instance Tutorial

## 景观设计
### 从思维碎片到系统成型

Landscape Design:From Fragments of Thinking to the System Prototyping

王少斌　王雯静 / 著

辽宁美术出版社

**图书在版编目（ＣＩＰ）数据**

景观设计从思维碎片到系统成型／王少斌，王雯静
著. — 沈阳：辽宁美术出版社，2017.3
园林景观设计实例教程
ISBN 978-7-5314-7001-4

Ⅰ．①景… Ⅱ．①王… ②王… Ⅲ．①园林设计-景
观设计-高等学校-教材 Ⅳ．①TU986.2

中国版本图书馆CIP数据核字(2017)第038331号

---

出 版 者：辽宁美术出版社
地　　 址：沈阳市和平区民族北街29号　邮编：110001
发 行 者：辽宁美术出版社
印 刷 者：沈阳市博益印刷有限公司
开　　 本：889mm×1194mm　1/12
印　　 张：10
字　　 数：150千字
出版时间：2017年3月第1版
印刷时间：2017年3月第1次印刷
责任编辑：彭伟哲
装帧设计：王　楠
责任校对：郝　刚
ISBN 978-7-5314-7001-4
定　　 价：60.00元

邮购部电话：024-83833008
E-mail:lnmscbs@163.com
http://www.lnmscbs.com
图书如有印装质量问题请与出版部联系调换
出版部电话：024-23835227

# 前言

　　很多年前曾应出版社之邀，准备写一本关于空间设计类设计构思过程和方法的书。当时，房地产方兴未艾，城市化进程如火如荼，与之相对应的建筑、景观、室内设计行业火爆，从业人员剧增，各类设计表现类教材、作品图集等出版物充斥图书市场。而专门探讨研究设计思维类的专著则颇为鲜见。在查找资料中发现一些学术水平很高的专著，这些专著往往理论性很强，包装朴实，没有填充流行的市场化图片，与社会有些急功近利的价值导向不符，使得这些优秀的学术著作远不如市场上那些手绘图册被设计人员和设计院校的学生追捧。只有深读之后，方能领会这些论著的价值，自己也颇想把实践和思考的问题著书立说。可惜，当提笔时却发现问题比自己所想的要复杂得多，一种种常挂嘴边的诸如"景观设计、园林、环境设计、空间、时间、系统、思维"等概念要将其科学阐释并易于接受是何等不易，而且还要兼顾读者和市场。原本自认为深思熟虑且信手拈来的事限于能力就此搁浅。这些年边做设计边在高校教学，多了很多思考和研究教学的时间，一个典型的现象是，同一平台和同样条件下的每一次设计课题作业总会出现高低不同的结果，这里面自然有设计者投入的时间、精力不同等诸多客观原因，但究其深层次，是否尤其思维框架的建构问题没有合理解决所致？同样，设计大师何以成为设计大师？设计灵感从何而来？为何有的人总有源源不绝的创造力，作品总能让人耳目一新？而有的人尽管努力，却一生平庸？本书无意也没有能力全部回答这些问题，仅尝试"片段"地将一些自己在教学和实践中思考的问题作些探讨。

　　在一次高校设计教材研讨会中，一方面，对于大量以传授设计"标准动作"的教材必要性自不否认；另一方面，大家也希望能有设计师把自己的工作心得、设计模式、构思方法的实际个案整理成书，而不仅仅是看到建成后的美丽摄影图片。在此，作者不揣浅薄，整理了自己的一些设计过程的构思草图和日常教学思考手记，集结成书，与同行们作些交流和参考。特别说明的是，本书既非作品集也非设计教材，如同书名一样，就是作者试图廓清"思维碎片"和"系统成型"的一些关系，从设计实践入手，自下而上地尝试建立局部与整体关系设计思维框架。

王少斌

2013年7月

# 「目录」

# 第一章　设计思维的概述

曹意强教授在论艺术与教育的文章中提到：人类的各门学科不仅相互联系，而且可以相互转化。相对于其他学科而言，艺术因更强调整体性而具备更灵活的转化力。创作一件艺术作品等于创构一个完整的独立世界。这种整体论创构论可以转化到任何其他研究领域。无论学习哪门知识，不论从事哪类研究，任何创造活动都离不开下述思想与技能：观察、想象、抽象、认知、模式建构、造型、移情、空间思维、游戏、类推、转化、综合能力。艺术创作必须联合使用以上所有的思想和技术工具。

在我国的传统思想中，对于一个完整的人提出的要求是：志于道，据于德，依于仁，游于艺。摆在语言上位的"游于艺"不仅是实现德、道、仁的精神与技能保障，而且为之树立最高的品质标杆。古希腊哲学家亚里士多德则把艺术当作一切研究的方法模式："所有技术的本质就在于理解一件艺术作品的诞生，在于研究这背后的技巧与理论，在于从创作者而非创造过程本身中寻找原理。"中西方思想均强调了艺术的教育和智性功能认识相通。

这些年来，我国培养了不少建筑师、规划师、景观设计师，城市化的快速发展为设计师们提供了大量的实践机会。可是，近二十年来，在大量已建成的城市景观和旅游景观规划中，大都是照搬模式，少有个性鲜明、耐人寻味、境界高远、意味深长的作品。这些设计师大都毕业于专业院校，其中不乏名校。熟悉规范，熟练掌握设计程序，可建成作品却不尽如人意，这里面当然有行政需求、建筑质量等客观原因，但究其深层次问题还要回到教育观念所形成的思维方式本身。

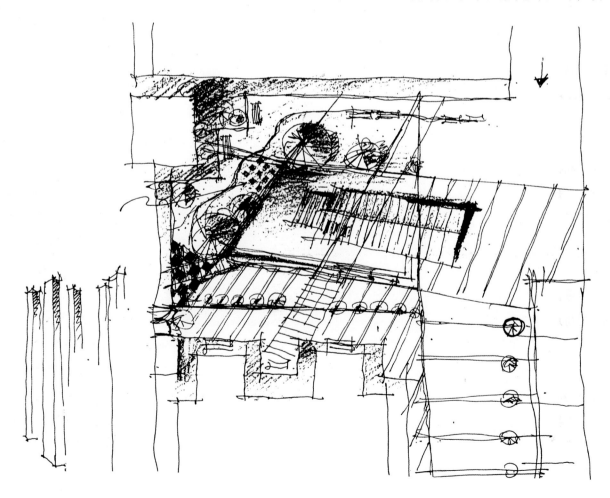

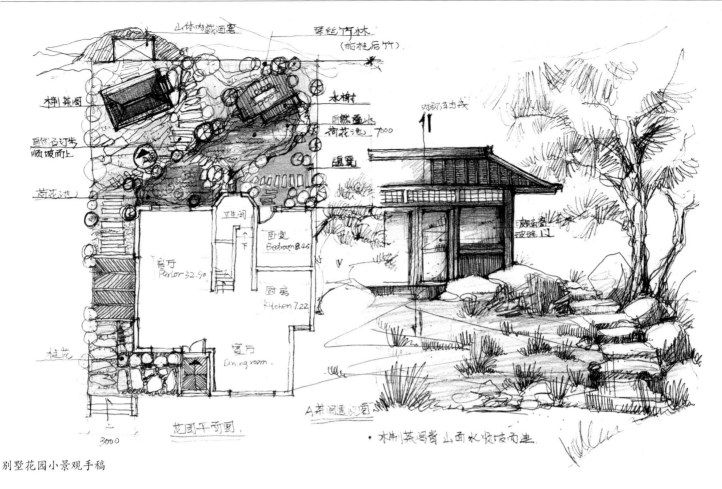

别墅花园小景观手稿

# 第一节　思维的概念和特点

思维：指理性认识或理性认识的过程。是人脑对客观事物能动的、间接的和概括的反映。包括逻辑思维与形象思维，通常指逻辑思维。它是在社会实践的基础上进行的。认识的真正任务在于经过感觉而到达于思维。思维的活动主要依靠动作进行，语言只是行动的总结。

在艺术设计中形象思维显得格外重要。思维的形式是概念、判断、推理等。思维的方法是抽象、归纳、演绎、分析与综合等。思维的特点主要有：直观行动思维，具体形象思维，抽象逻辑思维。创造性思维是一种特殊的思维形式，即通过思维不仅要揭示客观事物的本质及内在联系，而且要在此基础上产生新颖的、独特的和具有一定社会价值的思维成果。创造性思维具有创造性、求异性、灵感性、灵活性、多维性和综合性等特征。在设计艺术的创造性过程中，思维还具有碎片性、跳跃性、不连贯性、随机性、复杂性、不单一性等特点。创造性思维能力可以从兴趣、好奇心与求知欲、想象思维能力、质疑精神与发问品质等方面去培养。

在设计的学习和创作中，语言思维和图解思维往往是交织进行的，二者互为依托，共同形成一个设计项目的概念。设计构思过程中，观念起着指导性的作用，具有何种观念，将对已有的具体的或模糊的信息组织、编码、转译、输出。面对一个设计项目如同站在某个起点，向一个具体目标前进，虽然目标是明确的，但选择的道路和手段却要经过缜密的思考。选择是对客观事物的提炼优化，同时也是对主观问题有清晰的判断，合理的选择是科学决策的基础。选择通过对各种主客观的信息进行优劣对比来实现。这种对比优选的思维过程，成为人判断客观思维的基本模式。并依据判断对象的不同，呈现不同的参照系。设计概念构思确立显然也要依据这样一种思维模式。

## 第二节　整理与积累思维碎片

在设计过程中，严谨系统的思维方式和设计程序是非常重要的。系统是自成体系的组织，是相同或相类的事物按一定的次序和内部系统组合而成的整体。系统具有整体性、层次性、稳定性、适应性和历时性的特点。我们可以理解为，在进行一个景观设计项目时，它的整个工作流程应该是在系统的控制下完成的。不容忽视的问题是：设计意念转化为个人头脑中的虚拟形象朝着物化实体转变的过程，特别是表现在设计者自身思维外向化的过程上。

在我们的设计教育发展过程中，一些专业边界模糊的设计学科如建筑学、风景园林、工业造型设计、室内外环境设计等

专业，这些专业分别设在以理工科为主的工科大学和以人文艺术为主的美术院校。它们招生的评价体系完全不同，培养目标虽各有侧重，但毕业后工作内容却大致相同，且不同培养过程造就的人才却在同样领域内各有成就。这就形成了具有争议的课题，究竟是"理工科模式"还是"美术学院模式"培养这类设计人才更科学、更合理？事实上，在建筑学、景观设计领域逐渐形成了理工科毕业的设计人员在功能结构上考虑严谨，而美术院校生在造型、色彩上更胜一筹的观点，但事实果真如此吗？目前，大量由纯粹理工科建筑院校毕业的建筑师在建筑设计实践中所创造的形态、比例、色彩等方面丝毫不见得会不如

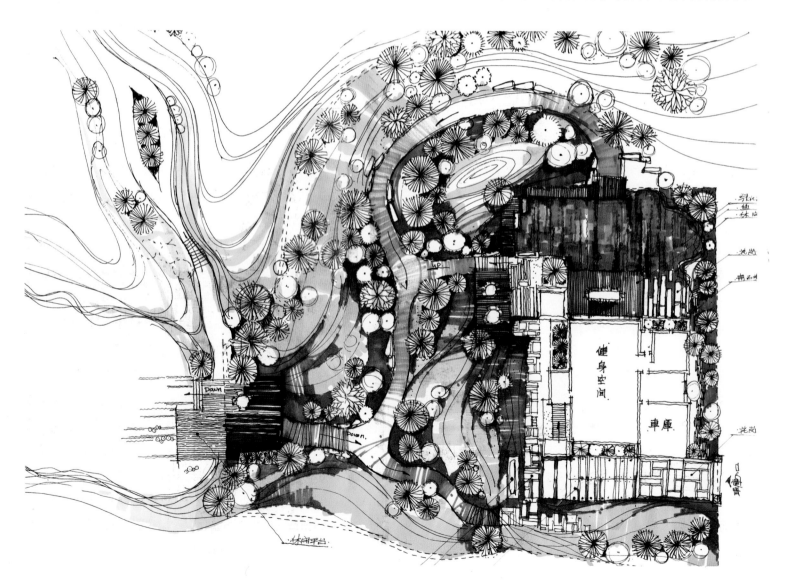

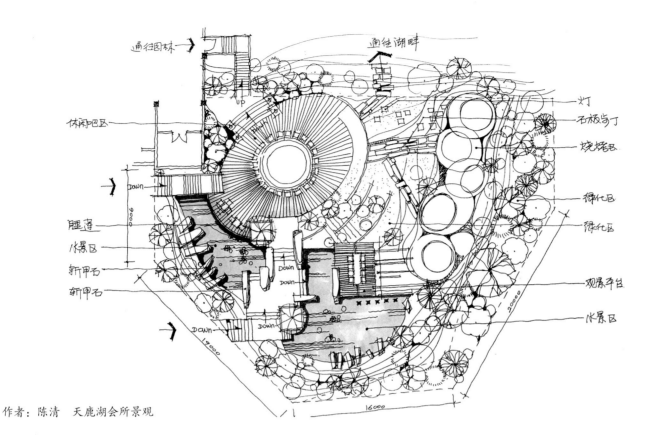

作者：陈清 天鹿湖会所景观

美术院校毕业的设计师；同样，在空间、功能、形态构造方面，一个美术院校毕业的、无理工科背景的设计师同样具有严谨、逻辑和系统地把握项目的能力。因此，艺术与科学的关系被重新思考。我们应该回到教育的终极目标的高度上来探讨创造性思维的形成问题。考察各领域为人类知识作出杰出贡献的人物，他们都具有高度的文化修养、灵敏的感受力、丰富的想象力、娴熟的技能以及对所做事业的无功利、忘我的兴趣或内在的强大动力。在这里，文化修养、灵敏的感受力、丰富的想象力和娴熟的技能是成为一个优秀设计师的基本素质。理工科和人文学科从事的创造活动均体现于此。

一般来说，经过大学本科景观设计专业学习的人都可以较为系统地掌握景观设计的程序和方法，并能够完成一定难度的景观设计项目。问题在于，在完成了一系列充分的分析调研后所完成的景观方案却显得平庸或大部分的形式语言大多来源于已有设计成果而缺乏创造性。对于艺术设计这一具有创造性的工作，缺乏原创性往往逃不过视觉检阅。因此，在学习系统严谨理性的设计方法的同时，具有感性的、有想象力的、发散的思维同样重要。系统逻辑的设计程序和思维犹如文章的语法、结构；而碎片化的、发散的、偶然的却如同单个词汇，它不能形成一篇文章，但某几个关键词却能对一篇文章的展开有关键的作用。发散性思维是创意活动关键的部分，借助发散性思维，我们的脑海会浮现出各种各样的想法、图形图像或者一些有意义的辞藻，有时候，这些片段零碎的思维恰好是我们设计的命脉所在；有时，这些天马行空、进行发散思维最终产生的想法，与我们在常规下处理问题时所采用的逻辑思维是截然不同的。某个灵感的出现可能会因为其中的某个想法而欣喜若狂，并让我们在某个构思过程中迷失方向，忘掉最初的目标。正因为如此，发散性思维需要聚合性思维进行完善。一件完整的景观设计作品如同一棵大树，系统严谨的枝干和树叶共同形成它的整体形态。词汇越丰富，表达文章的主题则愈加清晰。对于设计语言的积累而言，视觉形象是第一要素。形象的创造通过积累丰富视觉经验达到"储存形象"，并在设计构思过程中自如地运用这些素材。

# 第三节　绘画艺术之于设计能力的内在联系

　　"造型能力"的培养最好的方式是绘画。从西方景观设计的发展过程来看，英国的自然主义造园风格和美国的浪漫主义设计风格与风景绘画的美学观念密不可分，景观设计中的画境品质和绘画般的构图和技巧体现了风景画所产生的作用和直接有效的影响。建筑大师柯布西耶也曾反复强调，说"别人都只知道我是个建筑师，没有人认为我是个画家，而我却是透过绘画来获得建筑的灵感，我想，作为一个建筑师，如果我的作品能带来任何意义的话，这一切必须归于我的幕后工程——绘画"。这里，透露了一个重要的信息，就是绘画对于设计行为来说，作用绝不限于表现，而更是一种智性的培养，这就是一个没学过高等数学和几何学的艺术生可以和建筑专业理科高才生做出同样优秀的建筑作品的原因。

　　在中国造园史上，随着绘画艺术在五代、两宋的发展，山水画尤其受到重视，文人士大夫们通过旅游观察、感受自然，同时通过对自然的感受并表现自然。但是，再现视觉景象并不是绘画的目的，"搜尽奇峰打草稿"，其目的是创造心目中"可望、可行、可游、可居"的理想境界，这种借景传情达意的中国绘画，我们称之为"山水"画。支撑山水画的美学观念是儒道释的美学思想和魏

园林一角

小院

长洲晚泊

彼得堡街头

晋士人的隐逸思想。在山水画的取景造境中，一山一水、一花一叶、白云流水、白鹭皂衣等视觉形象构成的景观均是表现画者的审美情趣和个中深意。我们可以图像学和形式分析相结合的方法解读一幅山水画中绘画语言与其美学追求，即"意境"的关系。追溯山水画的美学构成，诗词与山水画在面对山水意象时，其艺术手法有很一致的表现手法和时空意识，二者相互渗透、相互引发，不少诗文成为引发山水画创作的重要契机，并以绘画语言去开拓诗境。诗画的关系，从文人们推崇的王维这位诗人兼画家的《山居秋暝》可见一斑："空山新雨后，天气晚来秋。明月松间照，清泉石上流。竹喧归浣女，莲动下渔舟。随意春芳歇，王孙自可留。"诗由秋天黄昏入手，以光、影作点缀，再现自然元素，接着则是赋予了环境的人气。主观上，王维是否想将时与画结合并将诗情画意融为一体，在今天已无可考，但诗性的山水意向则符合宋人对画道的理想，成为他们对山水诗意性崇高与模范的追求。在景观设计中，无论是传统的园林景观还是现在的城市市政、居住区景观离开了诗性，尽管形式多变、材料新颖，还是难掩其内涵空洞、意趣苍白的实质，也就是时下城市化过程中城市景观千城一面、屡受诟病的原因之一。因此，在积累设计语言时，对于传统绘画图像，除了将其作为参考形象资料、作为设计形式美学范畴，它对于设计师的内心情感表达和对传统取景造境的思维方式和个人理解所起的作用是无形但却巨大的。对于画意的实践在于通过对事物内在关联的体察而超越空间的限制，在寻找有意义的形式和以简约的方式表达含义丰富的空间，并通过所营造的多维的空间体现内心感受和审美内涵，这就需要设计师具备熟练的技术手段和对程序的熟知，但仅限于此是不够的，对空间的敏感和所具有的"智性"尤为重要。

当"造型"的概念体现为绘画创作或景观设计并被归纳于视觉范畴时，在哲学上被分为以知觉为主的感性认识范畴和以思维为主的理性认识范畴。但在实践过程中，就会发现事情远没如此简单。而且，这两个概念不容混淆。问题是，在对外部事物的认识过程中，人类的视觉修养是在记忆和比较中发展起来的。逻辑和抽象等概念并非理性所独有，也常常出现在感性阶段。当"形"的概念出现并用形来表达外界事物时，其实已经历无数次的记忆和抽象的过程。从艺术史上看，无论中外，绘画走的都是一条从具象到抽象、从再现外在事物再到表现内心情感的过程。思维，其实并非逻辑推理所独有，而是贯穿于人们的全部认知活动。语言文字使人的思维精细化，而且使大脑的分工更加清晰。进一步地分析形象和语言文字的性质，我们可以发现这些现象：图像的信息丰富、多向，面对图像时，可获得直接的信息如线条、色彩等明确的形象。还可以根据自己的视觉经验去补充和想象画面的内容，使其成为自己所需要的最终形象。而作为符号的文字，其基本特质是高度的概括性和模糊性，形象与客观事物联系不密切，需要更多的知识和想象才能理解文字的内容，它是理性思维的重要基础。在解读设计任务书时，不同的设计师对同样的任务书往往会做出不同的解读并形成不同的设计结果。

在实际的设计过程中，知觉与思维本来并不存在鸿沟，视觉思维与文字思维虽然具有不同的分工并遵循不同的逻辑，但在实际构思过程中往往是交互进行的，并形成图文并茂的图解。在做严谨数学题型时，脑海中会出现形象的模型协助推演；同样，在二维的画纸上将处于空间中的三维物体表现出来的素描过程中，"画"的行为是简单的，而敏锐的感受和观察并把它表现出来才是最困难的。一张优秀的表现三维物体为目的的写实素描综合地体现了作者对物体的轮廓、前后、高低、深浅、比例的分析和观察能力。并将其所看所想高度概括为各种具有表现力的线条或明暗。当下，过多的景观设计技法书和教材把大量的篇幅用在介绍画什么和怎么画上，却较少探讨为什么画的问题。设计学子自然把精力放在了追求笔触的快感和色彩的魅惑上面，在追求画面动人的同时逐渐忽视了设计图解的目的，最终可能看到的是一张漂亮的、但却毫无设计价值的图画。

作者：郑江珊　老房子

作者：郑江珊　正午

# 第四节 从思维碎片到系统成型与徒手表达

理清思维中的形象与文字语言关系，有助于了解设计构思过程中的一些事实，形成有效的思维习惯。在设计项目的设计过程中，经历了从构思到方案成形的逐步具体化。在设计构思开始时，设计对象的所有相关信息如文脉、地形、植被、交通、人群、规范等因素在脑海里会以相对应的各种图形或文字等碎片化、片段化的形式存在，犹如某个词汇、某句句子，尽管这些词汇和句子可能很精彩，但却不是一篇完整的文章。设计构思过程就是通过可视的语言和可述的语言将这些片段不断地打散、组合、分析、归纳、优选并通过系统的框架使之清晰和条理并在一定的逻辑关系下系统成型。在一个住宅建筑设计的构思到方案形成的过程中，从功能的基本关系、位置和方向、尺度和形式、墙与结构、设计问题、需要与脉络、需要与形式、解决问题的源泉到设计者与设计项目信息以图形的方式表达一个设计过程思考方式，它使这些清晰与模糊的相关零碎信息变得系统明了，逻辑性强。基于这种思考和图解表达模式，我们可以知道在构思过程中如何发现问题、分析问题和解决问题，并形成清晰可见的结果。

在设计师的构思过程中，许多人采取这种思考和表达模式，用于推敲设计过程需要解决的功能问题和形态问题，一个成熟的设计师不一定要如初学者严格地按每个程序和步骤表现出来，但尽管表现出来的图面是片段和局部的，但其对项目的把握却是全局和完整的。

科学的构思方式和严谨的工作程序有利于我们形成良好的工作习惯并进入到意识层面，并逐步地向"大师"的思维模式接近。在设计实践过程的长期积累中形成有章可循的、科学的、可成长的工作模式，并在日常的工作生活中有意识的、主动的、自觉的观察、记忆和素材积累。如通过绘画方式了解画家和设计师对同一对象的不同理解和不同诠释，是一种行之有效的观察和表现方式。绘画与欣赏者的关系是一种对话的

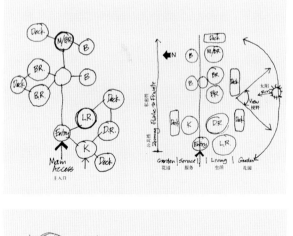

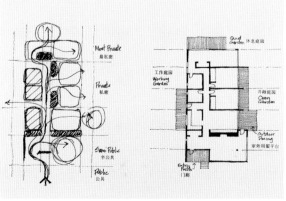

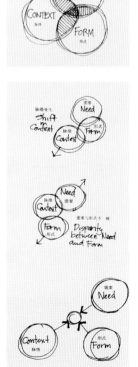

选自《图解思考——建筑表现技法》

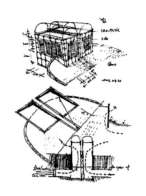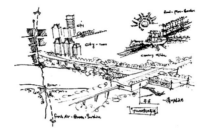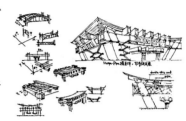

作者：唐坚

关系，欣赏者对绘画艺术的认同往往通过瞬间视觉来理解作品，绘画尤其是独立于内容之外的具有单独审美价值的形式语言，而且，在某种程度上，在对形式语言的评价上甚至可能比内容、思想更高。评价一幅写实的肖像绘画，形态表现的"相似"并不是最高的艺术作品，而是对象的特征以"准确"的绘画语言表达出来。此处的"准确"并非指与对象的相同，而是指服从于画面的整体表现形式风格、形态、色彩、笔触的整体性而言的，例如，画面某块色彩在与客观对象相比时会显得更暖和更冷，但在画面中则是协调的。在中国绘画中，我们的"笔墨"具有独立审美价值，并用以衡量一个艺术家的才情和艺术水准。而设计作品，特别是空间内的建筑、室内、景观设计，与人的关系完全是一种互动的关系。对一个空间的感受务必进入空间生活、体验，对空间指引进行全方位的并随着时间的推移而产生多样的感受，并在实际的生活过程中不断变化。

绘画从表现对象——人物、风景、静物等物质世界中寻找到与其适应的形式语言，并以画面的形式呈现；而设计（此处特指景观设计）是将各种物质与非物质的元素通过自身的逻辑方法构建一个新的物质场所。尽管在各自的行为开始之前都采用了诸如绘画图解的方式，但结果却是不同。这里，我们开始面临了一个问题，何以如此强调"手绘"对于景观设计的重要？市场上充斥了各类的景观或其他设计门类的表现技法书，意欲何为？无数的手绘机构和由此逐渐形成的"手绘"产业链至少说明强大的社会需求。于此，作者无意去探究其深层次的设计教育问题和某种功利驱使，仅试图就其学理层面作解答。在18世纪，前往意大利的大旅行家获得的对意大利风景的直接

欣赏体验，在发现与欣赏古典风景画家等人营造的画面相同的"优美"或"壮美"自然景象的同时，也发现了与理想化的古典风景画不尽相同的地形地貌和在不同气候条件下所呈现的不同视觉感受。这些在自然界真实存在的地形地貌、建筑人物、植物等某一具体地点的景物虽然从未在古典风景画中被表现，但同样具有动人美感并被画家描绘下来；如在J.M.W.透纳（Joseph Mallord William Turner，1775—1851）的风景画作品中更多的是在表现自然环境，如奇形怪状的岩石、老树、粗糙的崖壁和变幻莫测的大气效果所呈现的视觉感受，并形成了与古典风景画不同的绘画语言，强烈鲜明的色彩和多变的光线都与古典风景画遵循的素描优先和对局部色彩限制有很大不同，成为与理想主义风景画相区别的绘画风格并促成了"如画"（Picturesque）观念的形成，这种在于追求理性之美以外的视觉之美的美学观念影响了景观规划设计，体现于景园规划中，就是开始追求自然的、不规则的、粗糙的、野性的美感。"如画"的景观规划观念是西方景观规划学中重要的美学观念。时至今日，国内景观建筑师喜欢挂在嘴上的"发现野草之美"就是这种观念的延续。同样，中国造园理论中的"虽如人做，宛自天开"，其背后尤其是有道家追求自然隐逸的思想，但依然从中国山水画家们主张的"饱游饫看"和"收尽奇峰打草稿"的言论中体现了山水画家们好游山水、师法自然的创作观，其中的脉络可寻找到其对造园美学的一脉相承。在此，绘画艺术对于景观设计的相互观照绝不是庸俗地沦为一种表现技法和表现手段，对于西方风景画和中国山水画的研读不能仅将其视为图像素材；同样，伴随着景观设计师的与绘图不同的绘画行为

就不仅仅是一种简单表现技法的训练和图形素材的收集了，景观设计师的绘画行为是培养一种理性知识无法包容的情感思维、心理图像、身体感觉、审美经验等，学会感知无法言说、无法被知觉的世界的能力。按庄子的思想，"器"的运用是对"道"的体悟与实现，艺术，特别是绘画艺术所能培养的"综合审美经验"则是创新知识的灵感与模式。对于景观设计师而言，"才情"与源源不断的创作灵感是一件优秀景观作品的保证。

作者：王少斌 局部景观表现

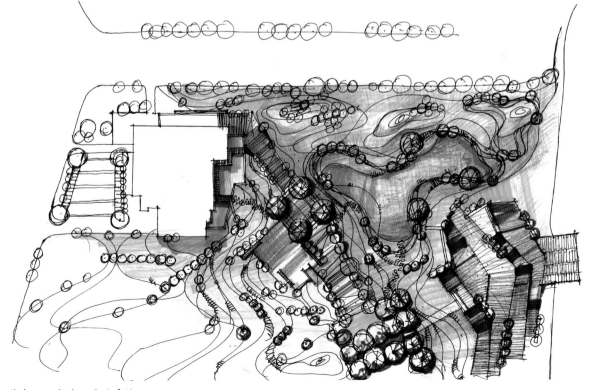

作者：王少斌 平面手绘

# 第五节　小结

　　景观设计是用"手绘表现"还是"计算机表现"，对于其创作过程来说，就是手段和工作习惯的问题，孰优孰劣，仅是其器物层面的探讨。事实上，在一个完整的景观设计项目操作过程中，徒手绘图构思或是借助计算机进行建模分析都是交互进行的，最终，一件系统成型的景观设计方案还是取决于项目设计师的整体把控能力。日常各种貌似不相关的文字阅读、场景速写、影视画面以及种种不经意的空间体验，在某种综合能力的把控下，各种没明确功用的元素会以碎片化的形式潜藏在记忆深处，而一旦遇到外界的触动，就会成为系统的语言和灵感被激发出来。在《射雕英雄传》写到郭靖在华山见到十二株大龙藤，夭矫多姿，觉得依据《九阴真经》的总纲，大可从这十二株大龙藤的姿态之中，创出十二路拳招出来。这是典型的由思维碎片到系统成型的构思方式。同样，《倚天屠龙记》中张三丰的七个弟子宋远桥、俞莲舟、俞岱岩、张松溪、张翠山、殷梨亭、莫声谷中的远桥、莲舟、岱岩、松溪、翠山、梨亭、声谷又何尝不能构成一幅意境深远的山水画或具有明显文人情趣的景观。

　　作者以设计师的身份用绘画的方式做的水彩风景写生，对场景表现强调发挥绘画媒介本身的特质，并以此表达对场景的观察和理解。而一个专业水彩画家对场景的兴趣和着眼点则是完全不同的。绘画，对于一个设计师来说，既有如手艺人般的手头功夫训练，又有景观设计师需始终保持对场景敏感性的训练，如同钢琴家般需日日训练以保持其手指的灵活和对音准、节奏的敏感。

晨光

街景

# 第二章　景观设计

## 第一节　景观的基本概念

**景观**，比较确切的定义是指大地表面相对稳定的景物或景象。景观概念及景观研究的进展，是人类对人与自然关系的认识不断深化的过程。

景观设计学是一门关于如何安排土地及土地上的物体和空间，以为人创造安全、高效、健康和舒适环境的科学和艺术。对于该学科目前国内常以"造园""园林""风景园林""景观建筑"或"景观""地景"等与之对译。

根据解决问题的性质、内容和尺度的不同，景观设计学包括两个专业，即景观规划和景观设计。

景观设计的范围广泛，小到住宅庭院、大到区域规划设计，以自然的生态保护和恢复到城市中心地段的空间设计。城市景观是城市空间中由地界、植物、建筑物、绿化和小品等组成的各种物质形态的表现，是通过人的生理感受和思维后所获得的感知空间，因而城市的景观设计可以说是城市美学在具体时空中的体现，是改善城市空间环境进而创造高质量的城市环境的有效途径之一。按其设计功能区分，包括居住区景观、风景旅游景观、城市公共空间、厂房厂区的景观环境设计。在设计中包括了自然景观、人文景观和社会景观等。

作者：王雯静　中央公园鸟瞰

*作者：王雯静　公园景观*

## 第二节　景观设计的主要因素

在景观设计中主要处理的三类要素是景物、景感和主观条件。

景物即对象的本身形式是基本素材。

景感即人对自然、人文景物的感觉反应，由直接景观和理性景观两方面组成。

主观条件、自然景观、人文景观和社会景观都是景观设计中的客观条件，而人对景观鉴赏过程中的时间、地点及年龄、职业、知识等方面的差异和社会文化、科技、经济等情况则是城市景观的主观条件，它们既是景观设计的制约条件，又可以进行强化景观的效果，是在设计中必须综合考虑的因素。

每个景观设计的内容都得综合考虑自然景观、人文景观和社会景观。景观设计之元素贯彻在项目设计中的各个阶段，应让使用者在喜爱的空间中满足需求，使土地得到合理的利用、保护和提高城市传统聚落的风貌特色，使现有和新建的各区段保持空间和时间中的最佳关系。

景观设计师所要处理的是土地综合体复杂的综合问题，而不仅仅是视觉审美意义上的风景问题。现代景观规划理论强调设计的基本是人文关怀和对自然和地方文化的尊重，在更高的层次上能动地协调人与环境的关系和不同土地利用之间的关系，以维护人和其他生命的健康与持续。

# 第三节　景观设计的思维碎片处理过程

景观设计是对社会环境、自然环境的综合处理过程，在设计过程中涉及气候、土地、水系、植物、景观特征、地形等多方面因素。其设计程序涵盖场地规划、交通处理、可视景观、构筑物、居所植物等各种相关内容的协调与统一。

在设计构思的过程中对设计内容相关数据资料的采集和分析是切入设计的关键部分，这些相关数据就是未经处理过的思维碎片。随着对场地和各种相关因素的深入分析，对于场地的认识会由模糊到逐渐清晰，并对需要处理的问题有更深刻的认识，也就是对思维碎片的分析过程。这样，在方案设计中，所形成的概念就不是空泛的想象，而是有秩序地围绕着切实可行的设计策略进行操作，有效的设计策略将对长期的实际操作产生深远的影响。

设计行为是一个从客观到主观，再从主观到客观的必然过程，设计的创造力是在对设计对象的认识过程中步步积累与深化的。认识的过程第一步是对综合因素的开始接触，属于感觉的阶段；第二步需要对综合感觉的材料加以整理和改造，属于概念判断和推理的阶段。初始的感觉可能是零碎和片断的，随着认识的深入，这些碎片和不确定性变得明确合理，并由此创造出正确的概念并完成设计意念的转化。

头脑中虚拟的形象有一个朝着实体物化转变的过程，表现了设计自身思维的外向过程，草图的推敲过程是由抽象到具象、平面到空间、碎片到系统的重要环节，也是对设计思维碎片的分析、判断、整理、加工的过程。当设计者能自如地将各种信息、意念的碎片以图形的方式表现出来，则是设计成型的一个重要步骤。

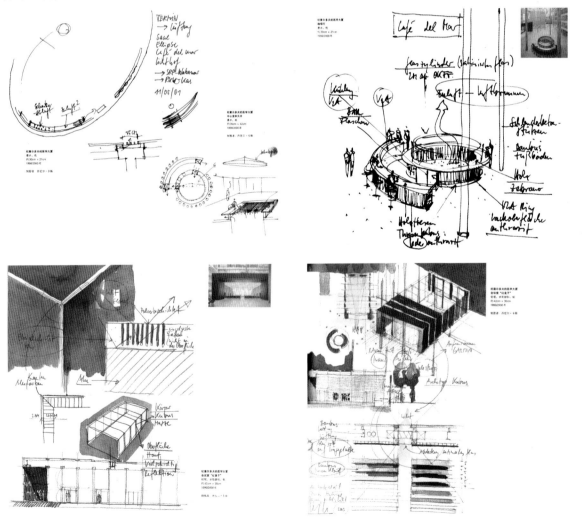

《德国手绘建筑画》

# 第三章　景观设计的基本程序

在进行景观设计项目时，首先要调查和掌握地区景观特性，这主要包括对项目整个区域和部分地区的景观特性、各类景观类型的特性、历史遗迹以及设计对象的特性。在景观设计要素、规模、配置、形状、色彩和素材中，规模、配置是把握设计对象的基本要素。其他要素则是在此基础上考虑并加以运用的。景观设计就是力图通过对这些要素的合理配置，使景观在造型上达到和谐完美。

## 第一节　方案设计阶段

（1）搜集资料（包括甲方设计委托书，地界红线图电子文档，地质勘察报告，气象资料，水文地质资料，实地拍摄的照片，当地文化历史资料）。

（2）分析消费者心态，确定方案立意、大体构图形态。

（3）功能分析。做功能区划分，进行绿化分析、景观分析，深化方案。

在设计中可遵循如下设计原则：

（1）注意概念的总体性与方案的特色。

（2）在场地的挑战中寻找设计对策。如：如何体现地方文化特色，如何解决场地存在问题，如何解决交通流线问题，如何处理景观与建筑的关系，如何解决场景功能与视觉美感的问题，景观营造和管理等问题。设计过程就是不断的发现问题、分析问题和妥善解决问题的过程。

（3）总体规划布局。总体规划布局考虑分区、景观视觉规划，它包括看与被看的视觉关系；道路系统规划则要有明确的目标、原则、系统和合理的交通组织。

（4）绿地系统规划要注意分级利用和分布形式。

（5）水系统的规划。水系统的设计要对区域水系有明确分类和形成循环水系统，并注重驳岸的功能和形态设计。

# 第二节　方案表现阶段

方案确立后，下一步的任务是通过手绘或计算机对设计方案进行表现。一套完整的方案应包括设计说明，区位现状图，总平面图，功能结构图，交通分析图，绿化结构图，景观分析图，总体鸟瞰图，局部鸟瞰图，局部剖立面图，绿化景观示意图，公共设施铺装示意图。

## 一、徒手表现

设计表达属于信息传递的概念，几乎所有的人都会对自己将要使用的空间有着某种特定的形式期待，设计所表达的理念如果与之相左，则很难获得认同。在相同的情况下，同一种表达方式，面对不同的受众，会得出不同的理解。因此，熟练地掌握能表达设计对象的方法和手段是非常重要的。在概念形成阶段，徒手表达能较为迅捷地表达思维。虽然随着互联网的诞生和虚拟技术的进一步成熟，推进了社会不断加快信息化的进展，计算机技术大大地超越了作为辅助工具的范围，颠覆了传统设计模式的表现方式。计算机技术改变项目设计的方法不仅仅是手段，而是思维模式的转变。但设计思维的计算机化同时带来了排斥个性，使各种图形趋向于标准化和规范化。而对各种信息处理的数字化，在某一程度上势必会使设计者改变思维趋向统一的问题。因此，"手绘"在信息化时代的设计表现当中被赋予新的意义。

同样，在绘画领域，虽然计算机技术同样使图像技术得到迅速发展，图像的"摄取"变得愈来愈方便，但正是这样对传统绘画的冲击十分强烈，其结果是手工完成的加上绘画的传统精英性贬值和手工特有的灵性的丧失。"手绘"在信息化的时代不应再靠着执着的信念和素描造型能力去与计算机一争高下，其应是与计算机运算方式相辅相成、共同发展的一种思维模式和工作方式。

在数字时代，设计过程为避免被引入预先设计好的程序逻辑中，必须保持最为原始的直觉思维方式，而以图形的方式进行思维就是最早的认识世界和记录思想的手段。设计的本质源于创造，创造性的思维方式与人的灵感激发有很大关系，并表现为直觉、类比、逻辑、推理等模式。基于这种创造力思维模式：一方面，是能迅速地记录和捕捉在发现问题和解决问题的思考过程中的图形写照；另一方面，是对完整设计构思过程和研究结果的最佳展示。因此，手绘图形往往体现了片段性、不确定性、未完成性和完整图式的特点。这种特点体现了理性思维与感性思维的特点。特别是感性思维从一点到多点的空间模型，产生了多样的目标和结果，与手绘草图的图式极其吻合。

图解思考是用草图速写的形式来帮助思考的一个术语。在景观设计的过程中，思考与设计草图的密切交织促进了设想，开阔了思路。在手绘过程中，首先有运用图形进行交流的能力，对于设计师而言，视觉交流是思考方式的一个重要组成部分。早在穴

作者：王雯静　小区景观

居人的时代，图形是由图画演变而成的象形文字，即"凝固的"思想或重大事件经历的再现。现在通过图形既是了解自身周围环境，更是人类应用图画迈向未知的境地的方法。手绘的任务是将知觉、记忆、思考、想象的内容，能够以速写草图的形式使其思考的内容外化，从而达到手绘的首要目的。

传统的手绘工具有铅笔、彩色铅笔、钢笔、马克笔、水彩水粉等。其中，马克笔快速表现技法是一种既清洁且快速有效

作者：王雯静　别墅景观

的表现手段，目前被景观设计师广泛采用。水彩水粉则具有刻画深入、艺术性强的特点，早期设计师和国外大型设计事务所常常采用，但由于其耗时长，需要较强的绘画基础，近年来已不多见。油画表现风景则更近似于艺术创作，但对表现对象的光影、材质表现几可乱真，对于景观设计师而言，不妨作为爱好加以尝试，也会有所收获。

## 二、电脑辅助设计

在景观设计实践中所采用的技术手段也有多种，其方法也日趋多样化，不仅常采用CAD技术、虚拟现实(VR)技术和3S技术〔全球定位系统(GPS)技术、遥感(RS)技术和地理信息系统(G1S)技术的统称〕，电脑和电脑软件等工具制成的草图已具有传统人工绘画的味道因而被广泛采用，它在方便了设计者的同时一定程度上也影响了设计者的徒手表现能力。景观模型、电脑图示效果图由于其逼真直观，特别在表现材质和气候特点方面强于徒手画，因此是景观设计上不可或缺的辅助设计工具，它们能比较直观地展现景观的细节与全貌，方便设计人员修改，从而减少因设计失误导致工程延缓、停工或重新施工等情况造成的经济损失。此外，景观模型、电脑图示效果图目前还是在地产项目中销售阶段的主要演示手段。

古港规划鸟瞰图

# 第三节　方案详细讲解

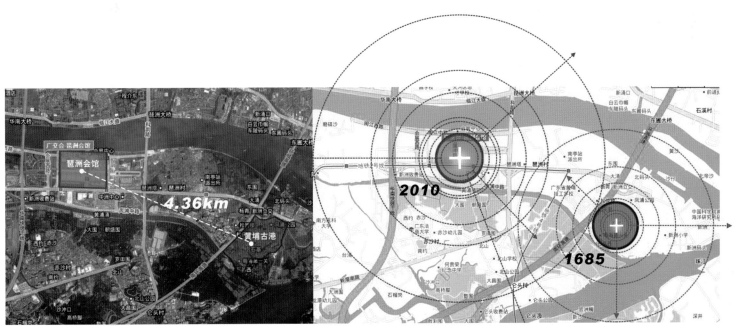

"扶胥之口，黄木之湾"——韩愈

黄埔古港是明清广州港的重要组成部分，是清代以来广州海上丝绸之路的必经港口。——《广东古代海港》

古港区位及周边情况：黄埔古港码头所在的黄埔村位于海珠区，北临新港东路，南隔黄埔涌与仑头相望，西临东环高速公路，东隔珠江与长洲、深井相望。规划面积约5.63公顷，是黄埔古港景观骨架重要组成部分。

黄埔古港的形成：广州是我国海上丝绸之路的发祥地，也是历史上资格最老、历代相传、唯一长盛不衰的对外贸易港口。而作为广州对外贸易的外港，唐代时设在今黄埔南岗庙头村的菠萝庙，到了清朝，黄埔村逐步发展成为广州对外贸易的外港。尤其是康熙二十四年（1685年），清政府在广州设置粤海关，并在黄埔村南边的酱园码头设立黄埔挂号口后，黄埔村就成为中外贸易的必经之地和向外国商船征收关税之所。鸦片战争后，广州对外贸易的首要地位被上海所取代，黄埔古港也逐渐失去昔日的繁盛，酱园码头也由于逐年淤积终于不利于船只的停泊而被放弃。清同治年间（1862—1874年），粤海关的黄埔挂号口迁至长洲岛，但仍沿用"黄埔"之名。

从《粤海关志》与《黄埔挂号口图》可以知道，在黄埔口设有黄埔税馆、夷务所、买办馆和永靖营等机构，所以，黄埔挂号口虽然只是粤海关省城大关的一个分口，却负担着管理广州对外贸易的许多职能。首先，黄埔古港是外国商船到广州贸易的必经口岸。清政府明文规定："凡载洋货入口之外国商船，不得沿江停泊，必须下锚于黄埔。"所以粤海关建立后，进广州贸易的外国商船基本都是经黄埔古港进出。第二，向外国商船征收船钞等。据《粤海关志》记载，除进出口关税的货税不在黄埔口征收外，其他外国商船的船钞、引水费、船规银、通事买办费、挂号银等，均由粤海关黄埔挂号口进行征收。第三，办理外国商船进出黄埔古港和外国商人由黄埔往返广州城以及贸易方面的有关事宜，都由设在黄埔村的夷务所负责。

**古港自然环境**

园区内西北角有一小园区，北侧有一小型公交站场，东南角用地东依黄埔古港景区一期的古港园区，建设有仿古阁楼，园区内主要为村民自建厂房及水泥道路，植被整体效果单调，特点不突出。

**古港气候**

由于地处南亚热带和有着背山面海的独特地形，具典型的季风海洋气候特征，四季温和，冬无严寒，夏无酷暑。由于海洋季候风影响，该区空气湿润，雨量充沛，年平均雨日通常在150天左右，年降水量多在1700毫米以上，但各季分布不均匀，以夏季最多约为46%，其次是春季为32%，以冬季最少，约为8%。主导风为北风和东南风，但静风频率亦较高。夏、秋季常有台风侵袭，风速猛烈，带雨很多，不时会造成灾害和损失。

**古港地质、地貌和地震**

古港地处珠江三角洲冲积平原，河床为第四纪冲积覆盖层，依次为淤泥类土、沙类土、黏土和亚黏土，下伏第三纪沙岩和页岩的风化岩。风化岩、页岩与风化岩薄层互层，分别在-31米至-11米之间出现。本港所在地域属6度地震烈度地区。

**1. 规划设计构思**

**21世纪海珠记忆**

规划充分挖掘历史文化传统的内涵，从恢复历史记忆、旅游项目开发、发展地方经济的角度出发，对规划用地功能进行调整。

（1）再生：以水系的治理为切入点，复兴"港"的功能，如码头、交通枢纽、传统街区、交易、客栈、餐饮等。

（2）连接：连接广州水路和陆路旅游沿线，丰富广州城市旅游线并为古港创造更良好的社会效益、经济效益环境；古港的用地功能既具备完整的旅游功能，又是黄埔村景观序列的开端兼具黄埔村旅游线路的配套设施；开发古港二期规划的旅游观光功能，并与一期规划有机相连，形成整体的游览空间序列。

（3）因借：水，因借南、东南水景，场地南靠黄埔涌，东南珠江流域清晰可见，借景入园。

（4）肌理：水纹肌理，从区域水系肌理、岭南画派山水画轴中提取设计元素；梳式肌理，从岭南传统广府梳式格局中获得设计语言。

（5）主题：海洋文化与现代文明相交融。

**2. 规划设计定位**

采用岭南传统建筑特色的建筑风格，形成既具配套功能又能反映岭南建筑特色的精致建筑群。同时扩大黄埔涌的滨水开敞空间，形成真正为游客和当地居民服务的亲水休闲广场。开展堤岸生态修复、水道疏浚、亲水平台、游船码头、旅游配套设施、绿化升级改造等工程，重新打造出岭南水乡古水道风貌，建立景区历史与发展和谐的关系。以景点布置突出主题、空间逻辑，构成一个开放性的系统，使黄埔古港成为"堤固、岸绿、水秀、景美"的休闲地带。具体定位如下：

（1）体现岭南的文化体系和文化特征。

（2）创造恢宏大气并具人性化尺度的新型"新岭南水乡景观带"。

（3）塑造一个具有亲和力、多功能、可持续发展的休闲康体的生态空间。

（4）创建一个体现古港地方特色，展示古港历史文化，具有时代精神的高品质环境，并成为海珠区精神文明阵地。

（5）成为广州市旅游格局上的一个别具特色的重要节点。

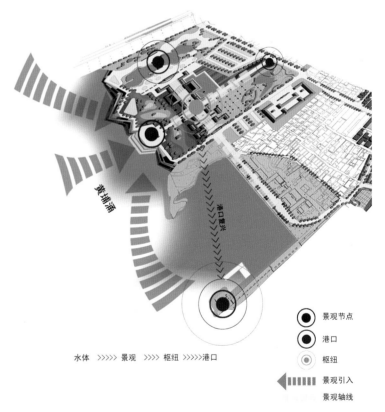

黄埔涌

港口蚝壳

水体 >>>>> 景观 >>>> 枢纽 >>>>港口

⦾ 景观节点
◉ 港口
◎ 枢纽
◀▊▊▊▊ 景观引入
景观轴线

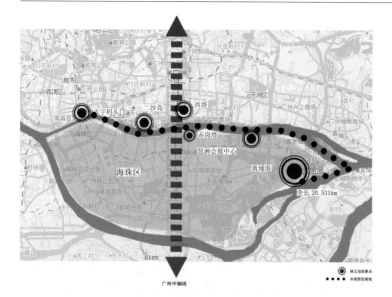

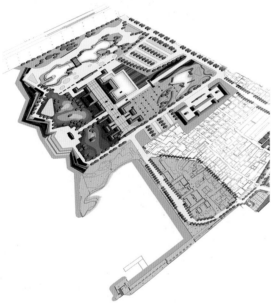

海珠区综合游览线路分析

连接：连接广州水路和陆路旅游沿线，丰富广州城市旅游线并为古港创造更良好的社会效益、经济效益环境；古港的用地功能既具备完整的旅游功能，又是黄埔村景观序列的开端兼具黄埔村旅游线路的配套设施；开发古港二期规划的旅游观光功能，并与一期规划有机相连，形成整体的游览空间序列。

三个利用

（1）利用水景。

充分利用原有园区内的水网体系，并创造出风格迥异的水体景观：规则的水池、喷泉景观；开阔的江河景观、湖泊景观；灵动跳跃的戏水景观等，同时各类水景还能带来不同的观景角度和距离。

（2）利用地形。

通过对规划用地原有地形的改造，结合景区的特点，创造与之相适应的地形地貌，同时，为植物的生长创造相应的多样化的生存环境。

（3）利用视线景观轴。

运用通透的景观视线走廊形成景观轴，中心主轴线设计中采用显中有隐的处理手法，摒弃中心视轴过于强调通透开敞的常规做法。并在景观关键点上运用对景点、观景点等加强景观效果，使全区的景观构成一个完整的体系。

古港公园基于岭南传统建筑景观造型功能结构和发展规律，在布局上曲直呼应，相辅相成，造景手法上突破传统的束缚，小空间处理继承了岭南山水园的传统，强调东方情感空间的感染力，"澄怀味像""天人合一""以物观德"的审美情怀涉及了儒家、道家和禅宗的思想，山、石、溪流、树木、小桥、亭台、草堂构成了宜看宜居宜游的理想境界，承载着文人心境、清逸脱俗、萧散疏放的心情。同时在大尺度处理上吸收西方造园的精髓，强调视觉空间的震撼效果，充分展示轴线所具有的魅力。

四个结合

（1）造景与造境——造园手法、严谨的规则与空间意境的结合。岭南传统造园规律与现代营造观念体现诗意性的物化。

（2）动态与静态——动态空间和静态空间，游览路线与可聚集逗留的场所的结合。动和静是相对的。人的活动行为是"动"与"静"相结合的过程，静是息，动是游；静是"点"，动是"线"。布局时刻关注相对静态场所与相对动态场所的变化，既选择好静观的"点"，又组织好游赏的"线"。

（3）使用功能与形式——具体的集散、休憩、交流、娱乐等功能纳入形式感的空间。功能与形式是辩证统一的关系，形式依附于功能，通过形式表达来强化功能。

（4）空间的开敞性与围合性——通过地形与种植设计形成不同的个性空间。空间构成上的"开敞"之处通过广场、花草、草坪、水面等形成开敞景观空间；"围合"之处通过乔灌木、构筑物、地形等形成私密景观空间。

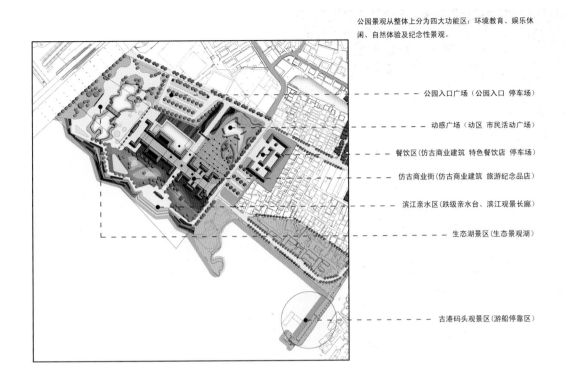

公园景观从整体上分为四大功能区：环境教育、娱乐休闲、自然体验及纪念性景观。

— 公园入口广场（公园入口 停车场）

— 动感广场（动区 市民活动广场）

— 餐饮区（仿古商业建筑 特色餐饮店 停车场）

— 仿古商业街（仿古商业建筑 旅游纪念品店）

— 滨江亲水区（跌级亲水台、滨江观景长廊）

— 生态湖景区（生态景观湖）

— 古港码头观景区（游船停靠区）

## 景观分区与景点

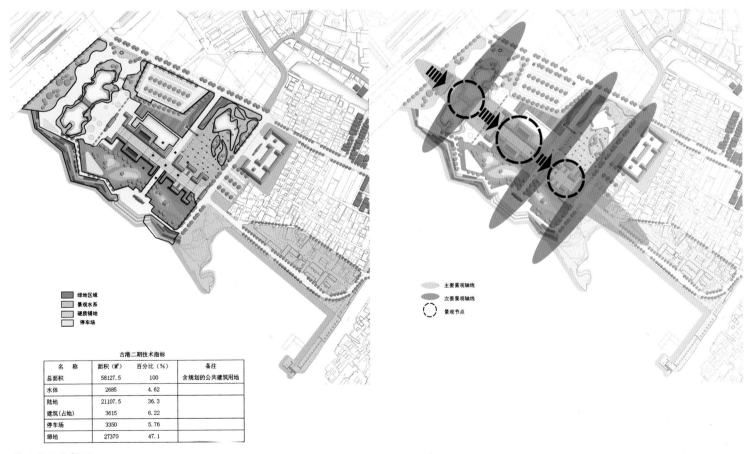

图例：
- 绿地区域
- 景观水系
- 硬质铺地
- 停车场

图例：
- 主要景观轴线
- 次要景观轴线
- 景观节点

| 古港二期技术指标 | | | |
|---|---|---|---|
| 名　称 | 面积（㎡） | 百分比（％） | 备注 |
| 总面积 | 58127.5 | 100 | 含规划的公共建筑用地 |
| 水体 | 2685 | 4.62 | |
| 陆地 | 21107.5 | 36.3 | |
| 建筑（占地） | 3615 | 6.22 | |
| 停车场 | 3350 | 5.76 | |
| 绿地 | 27370 | 47.1 | |

## 景观结构分析图

道路交通规划

1. 机动交通流线

原则上机动交通基本上分布于园区周围，不进入园区范围，机动交通较为方便、流畅；机动交通同时可以作为周遭游览路线使用。

2. 游览及人流路线

园区游览及人流路线组织，既考虑形式构图，赏景需要，又方便使用，体现到"莫便于捷""莫妙于迂"的原则。园区的园路分三级：游览主干道、游览次干道、游览步行道。园路采用无障碍设计。

（1）游览主干道是园区与街区道路衔接以及各大功能区之间相联系的主要干线。道路线形应尽量保持与地形相随流畅，满足消防要求。道路宽度为6米。

（2）游览次干道是每一分区的主要道路，通向或连接主要的景点。道路宽度为2.5米。材料可选用片石、透水砖、卵石等，路面应结合不同分区或景点的内容采取相应的分格或图案。

（3）游览步行道是园区深入每个景点的游览线，道路可曲折蜿蜒，穿花渡壑，随地形而变化。道路宽度为1.2~2.0米。材料用片石、块石、透水砖、卵石等。

3. 停车场

园区内一共有两处停车场，其中小车位220个。停车场采用景观生态的方式处理。

黄埔港景区景观鸟瞰效果示意

滨江亲水走廊景观鸟瞰效果示意

黄埔港景区景观鸟瞰夜景效果示意

滨江观景长廊效果示意

黄埔古港牌坊夜景效果示意

动感广场夜景效果示意

仿古商业街景观鸟瞰夜景效果示意

仿古建筑沿街立面效果图

仿古建筑沿街立面效果图

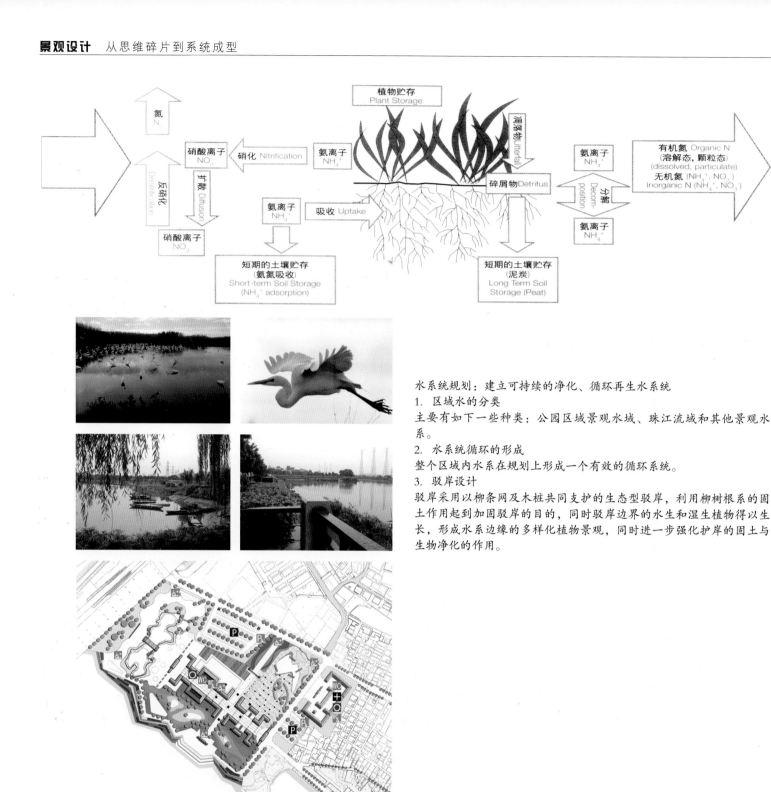

植物贮存
Plant Storage

凋落物Litterfall

氮 N

硝酸离子 NO₃⁻

硝化 Nitrification

氨离子 NH₄⁺

氨离子 NH₄⁺

有机氮 Organic N
(溶解态，颗粒态)
(dissolved, particulate)
无机氮 (NH₄⁺, NO₃⁻)
Inorganic N (NH₄⁺, NO₃⁻)

反硝化 Denitrification

扩散 Diffusion

碎屑物Detritus

分解 Decomposition

硝酸离子 NO₃⁻

氨离子 NH₄⁺

吸收 Uptake

氨离子 NH₄⁺

短期的土壤贮存
(氨氮吸收)
Short-term Soil Storage
(NH₄⁺ adsorption)

短期的土壤贮存
(泥炭)
Long Term Soil
Storage (Peat)

水系统规划：建立可持续的净化、循环再生水系统

1. 区域水的分类
主要有如下一些种类：公园区域景观水域、珠江流域和其他景观水系。

2. 水系统循环的形成
整个区域内水系在规划上形成一个有效的循环系统。

3. 驳岸设计
驳岸采用以柳条网及木桩共同支护的生态型驳岸，利用柳树根系的固土作用起到加固驳岸的目的，同时驳岸边界的水生和湿生植物得以生长，形成水系边缘的多样化植物景观，同时进一步强化护岸的固土与生物净化的作用。

P 停车场
WC 公共卫生间
➕ 卫生站
O 服务点（警务 旅游服务咨询）
♿ 无障碍通道
WC 无障碍卫生间
P 无障碍停车场

设施规划
根据园区的规模性质及活动需求，规划设计的设施包括四类：游憩设施，服务设施，公用设施和管理设施。设施以仿古岭南建筑风格为主，按不同景区和意境、功能各有所不同，创造出新的具有岭南特色的新形象，既多姿多彩又协调和谐。各类建筑物结合地形进行布置，体量不宜过大，以利于保护园区整体的自然情趣。

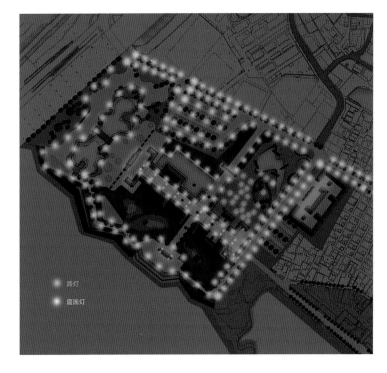

景观照明

布置原则：

光线以柔和为主，照明使空间和景观人格化，使夜景瑰丽动人，温馨舒适。以大自然、碧水和灯光编织成的园区，将是一处把享受生活的秘诀传授给市民和来访者的乐园。

给水管道规划

雨水管道规划

污水管道规划

给排水工程

1. 水源的选择

给水水源为城市供水管网，供水管由黄埔古港的市政给水管接入。园区湖水可作为消防备用水源。

2. 管网布置原则

（1）干管、分干管尽量沿路边铺设，便于将来巡视、管理和维修；通常埋深在道路下1米，如与其他管线交叉时作适当的调整。

（2）喷灌系统分干管满足系统分区轮灌的需要，尽量保证每个分干管上均有每个轮灌区的分水阀；干管、分干管尽量少穿障碍物；遵循每条分干管上均有每个轮灌区的分水阀的原则，尽量均衡管网配水量进行划分轮灌区。

（3）喷灌用水管理。草坪喷灌系统建成后，用水管理的好坏，直接关系到喷灌系统能否发挥其应有的作用。用水管理的基本任务是，根据喷灌系统的规划设计和当地气候、草坪种类、生育阶段、土壤水分、水源供水等状况，合理组织草坪喷灌作业，达到提高灌溉效率、保持草坪最佳生长状态的目的。

喷灌系统的设计一般是按满足最不利的条件做出的，可满足草坪最大的需水要求。而在系统运行时，应根据实际情况确定灌水计划，包括灌水时间、灌水延续时间、灌水周期等。

3. 排水工程

选择排水体制是园区排水系统规划的一项重要课题，它涉及园区排水系统建设投资、日常管理、对园区水体的污染以及环境卫生的影响等因素，按总体规划布局，结合本区污水排放点的特点，规划设计选用雨、污水分流的排水体制。

雨水系统规划：根据园区内自然地形特点，采用就近排放的原则将园内雨水排入湖里。污水系统规划：园区的生活污水排入园区的污水管网，餐厅的生活污水须经隔油池处理后排入园区的污水管网，污水通过园区污水管网收集后，通过污水泵站，排往城市污水管网。

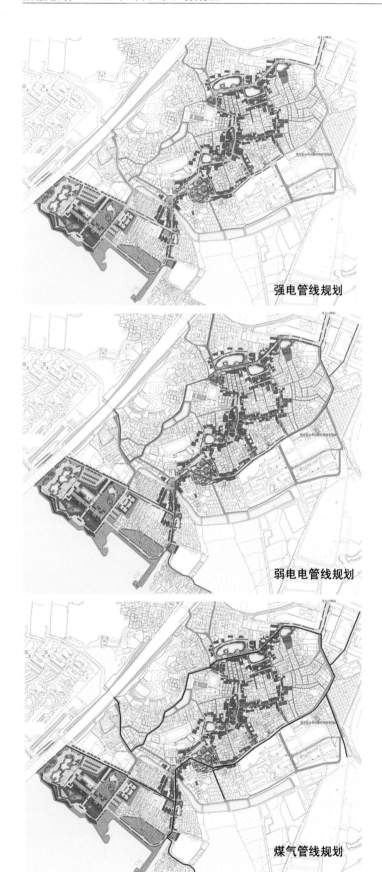

强电管线规划

弱电电管线规划

煤气管线规划

供电工程

用电负荷：主要考虑如下因素：

（1）园区服务建筑的用电负荷；

（2）园区水景用电负荷；

（3）园区景观照明及广场道路照明；

（4）考虑10%的不可预见的备用负荷。

电网系统：规划设置变电站一座，电网与城市电网相连，变电站采用室内型，可单独建房设站，也可设箱式变电站。配电线路在园内一律采用电缆，导线截面应按远期负荷选用，为了保证供电的可靠性，一般采用二回路供电的方式供电，站与站之间设联络线，开环运行。

电信系统

根据总体规划，在园区内入口游客服务中心设置电话分线箱；分线箱的形式采用户内壁挂式。电话交接容量可根据具体情况确定。

为了给游客使用电话提供方便，在园区各区适当位置设置公用电话，公用电话的设置可采取如：有人值班公用电话、IC卡电话等多种形式。

# 第四章 景观设计个案研究

## 第一节 市政公共景观

### 一、城市方舟——文化艺术创意产业岛

设计简述：

文化创意产业生态方舟——高端文化产业孵化基地。

（1）"城市·方舟"创意产业岛的方案总体指导思想——承载城市精神的艺术品质。

基于前期的战略分析，我们确立了小岛的定位和发展，即"城市·方舟"，通过艺术创意产业总部基地集群，利用文化产业发展，从城市形象、城市精神层面给城市新区注入具有本位文化特征的时代精神与文化品质。

"方舟"寓意于在繁华的都市中开辟一方宁静、休闲的创作绿岛；建筑、道路体系等消解在以绿色生态环境为基础的景观中，在体现视觉品质与环境品质的同时，又建立起与创意文化及市场之间的互动关系，使之成为一个良性循环的景观纽带。通过良好的环境氛围，吸引国际知名创意设计机构的参与加盟，推动整个产业链，推进成都现代文化艺术创意产业的发展。

（2）创意产业岛景观设计理念——与自然和谐共生。

**1．基地分析**

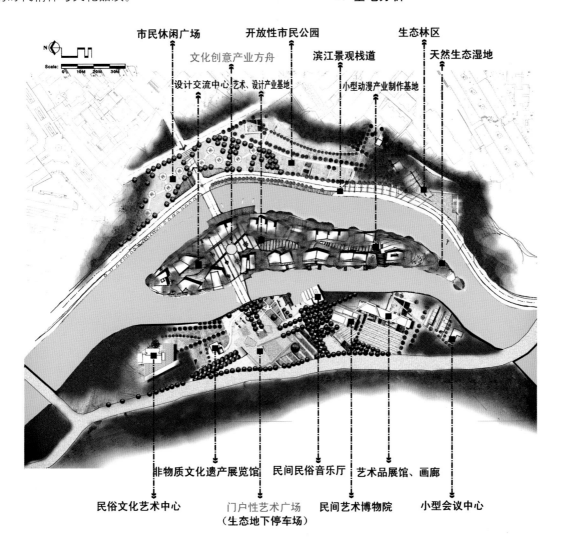

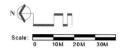

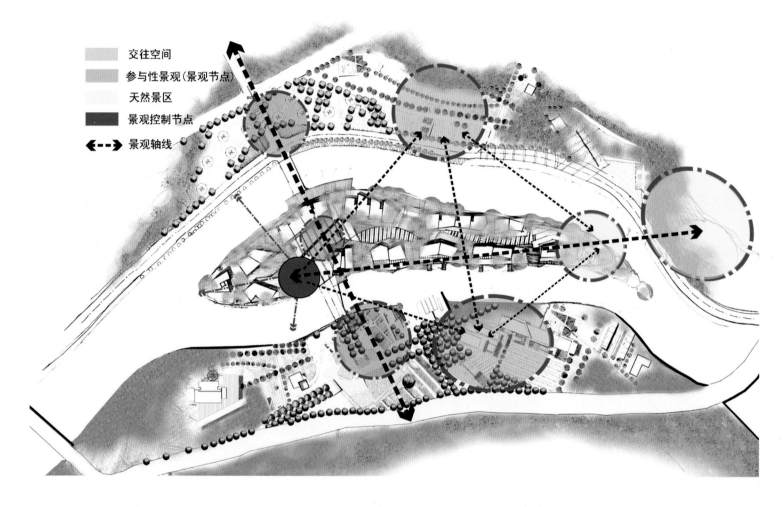

交往空间

参与性景观(景观节点)

天然景区

景观控制节点

景观轴线

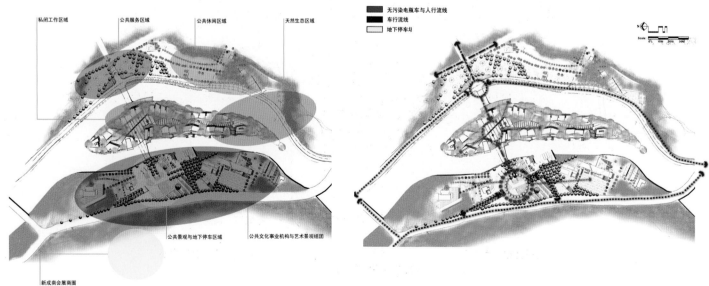

私闭工作区域　公共服务区域　公共休闲区域　天然生态区域

公共景观与地下停车区域　公共文化事业机构与艺术景观组团

新成南会展商圈

无污染电瓶车与人行流线

车行流线

地下停车坪

## 2．概念草图

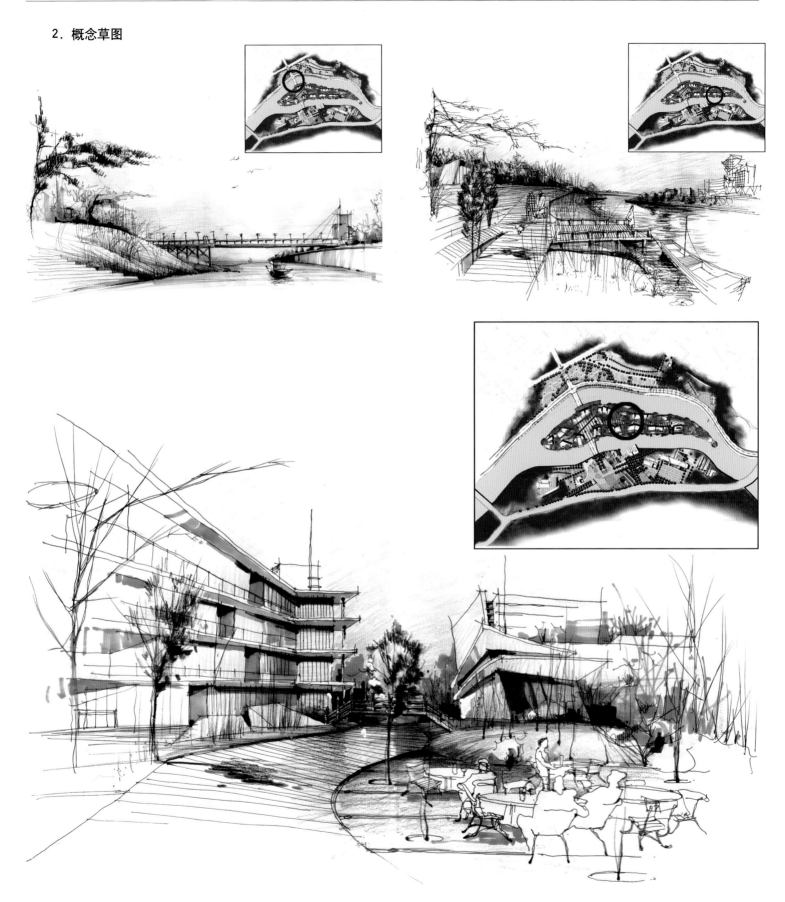

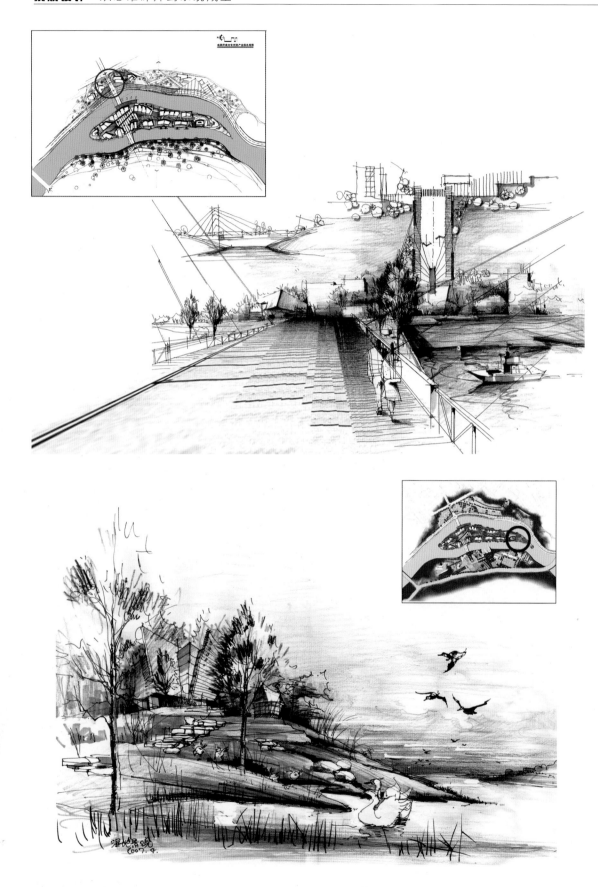

## 3. 方案

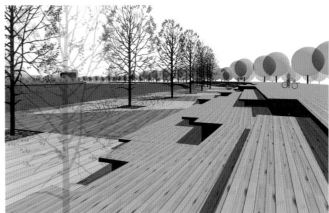

此案例由广州森昊设计公司供稿。

## 二、云浮市城市规划
## 展览馆

设计简述:

定位为城市门户性景观的综合性广场。其规划设计基于城市经济发展的高度与前瞻性,并预留了对未来城市发展的开放与延续,利用和创造环境的感染性,体现此城市的包容性、市民活力以及对城市展望的希望与延续。基于对城市印象抽象与具体、新旧城市文脉联系的概念,通过对当下国际性城市广场的发展趋势进行强化与提升,成为体现人文、历史、现代化的城市景观广场。

### 1. 基地分析

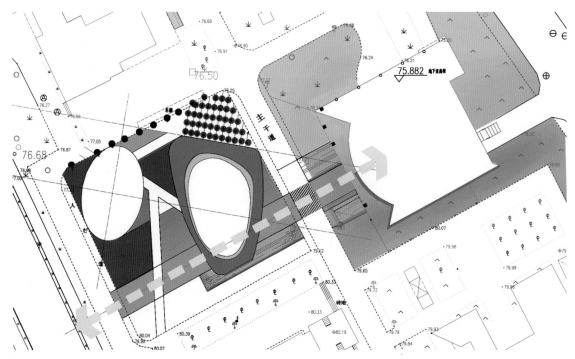

*广场规划设计*

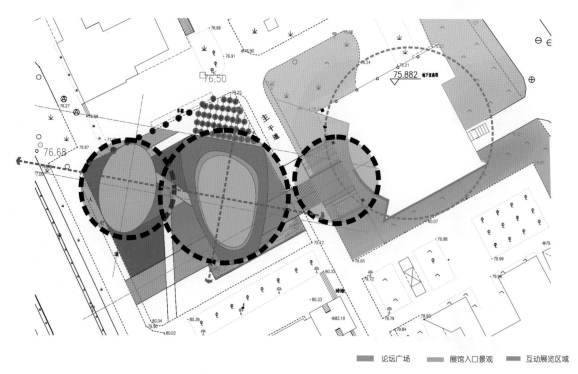

■■ 论坛广场　■■ 展馆入口景观　■■ 互动展览区域

*广场规划设计区域分析图*

## 2. 概念草图

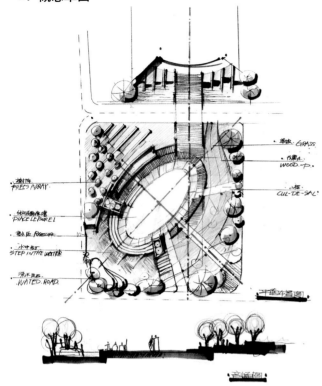

## 3. 方案

此案例由广州森昊设计公司供稿。

# 第二节　企业办公景观

## 一、坤泰集团

　　坤泰集团公司总部位于广州萝岗开发区，占地面积100多亩，集办公、科研、展示于一体。建筑依山而建，有丰富地形效果和植物，设计中在解决好交通流线的同时，注重强调山体地形所具有的丰富多变的景观效果和不同高差产生的多视点的视觉效果。对于景观设计来说，利用地形地貌因地制宜地营造出自然多变的景观形态是有效的设计手段。

### 1. 基地分析

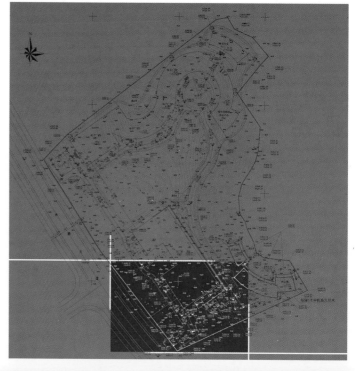

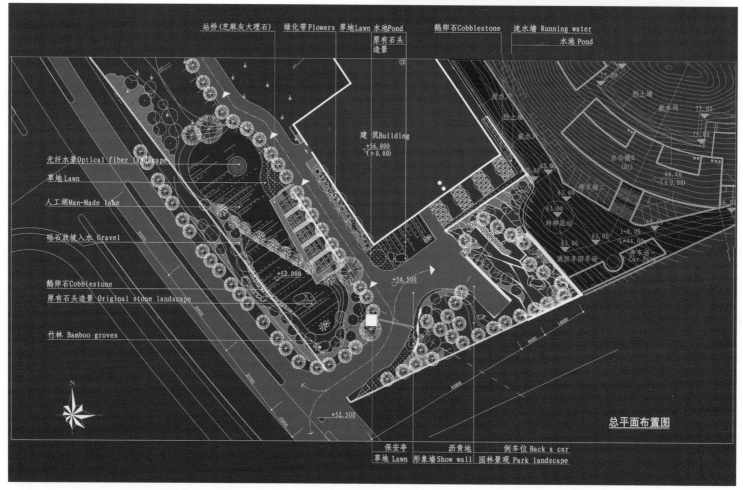

## 2. 概念草图

此案例由广州森昊设计公司供稿。

## 二、天安数码城

这是天安数码城的一个重点区域的景观设计构思和表现，营造时尚、简约明快又适宜于办公人群停留休息的空间，是贯穿整个设计的宗旨及基调。概念构思草图体现了对该项目的理解和推敲。

完成的方案采用现代造景手法，合理设置各功能区域，通过简练的构图尽可能加大绿化面积，增加空间层次感，加强视野所及的景观感染力。适当布置的休闲平台坐凳使人乐于停留其中，享受属于自己的空间。

景观设计与建筑、室内充分结合利用干练的铺装线条创造富有节奏感和韵律感的入口空间，为使用者带来新颖而富有变化的景观。

深化设计展现了该景观项目，整体风格简约明快，无论是材料的选样、功能的合理布局，还是景观小品的设置，在强调视觉冲击的同时，布局上应保持感官的连续性，并结合天安数码城的文化特征，以几何的、非具象的设计语言，将空间特性展现出来，赋予空间特定的产业内涵，在满足功能的前提下，能给空间使用者带来特定的行业感受和精神需求。

### 1. 基地分析

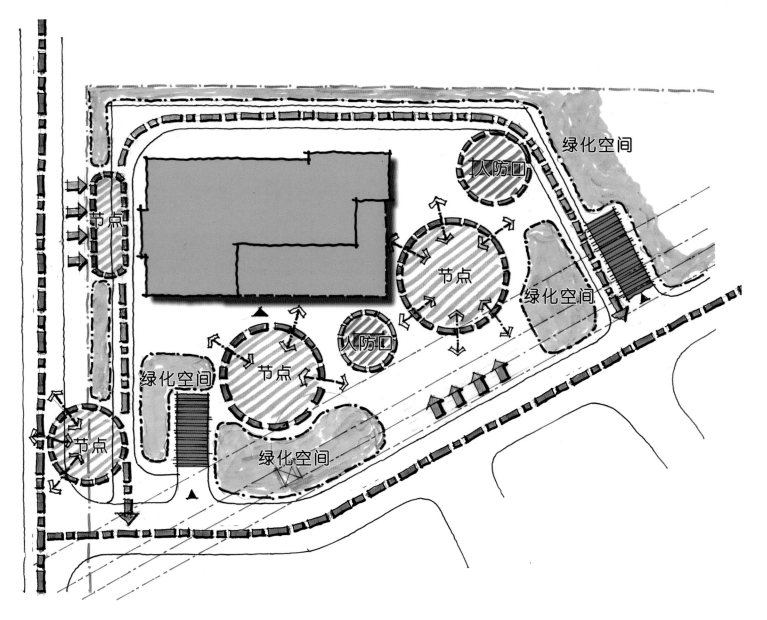

## 2. 概念草图

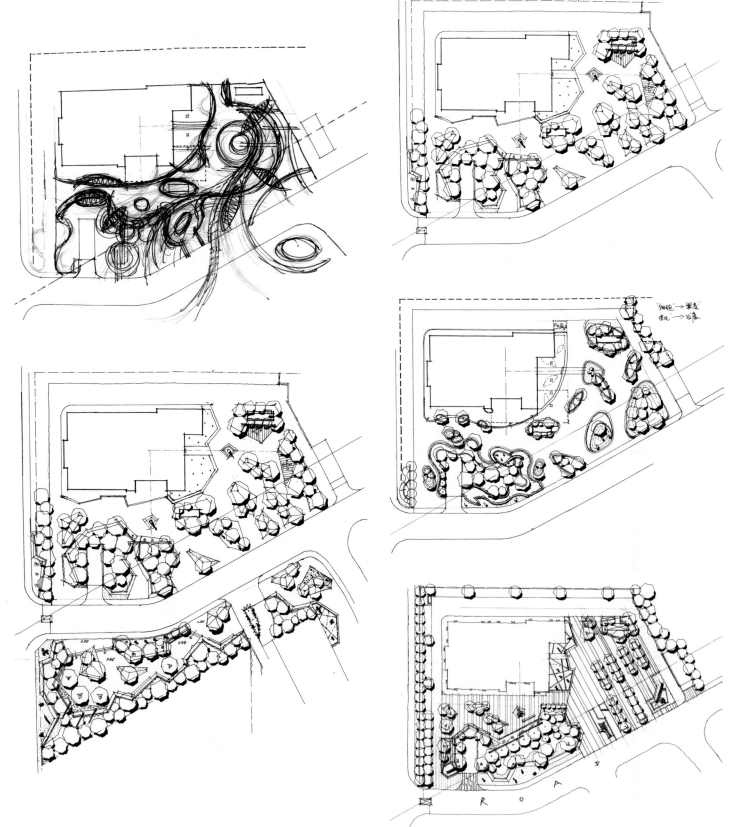

## 3．方案

### 4．扩初

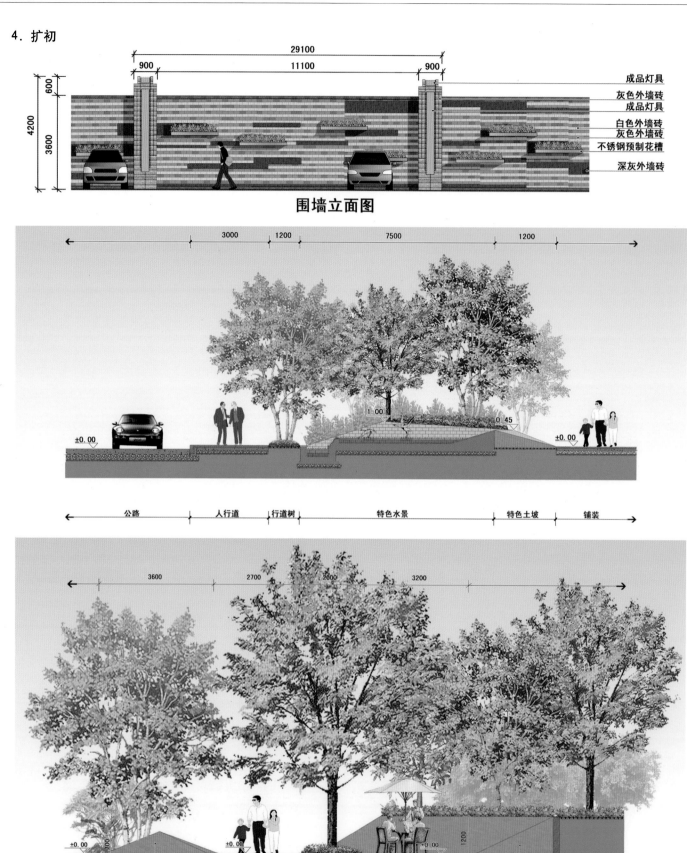

围墙立面图

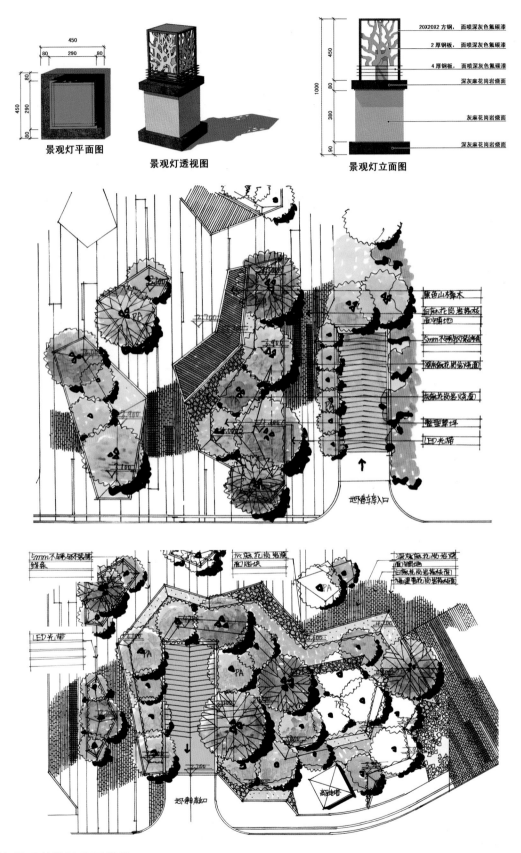

景观灯平面图

景观灯透视图

景观灯立面图

此案例由广州邦景园林设计公司供稿。

# 第三节 地产小区景观

## 一、常德尚东曼城

设计简述：

当理性消费者更加看重住宅景观环境时，聪明的开发商也渐渐意识到"光盖楼不要景"的做法最终会被时代淘汰。于是，现在更多的项目即使楼还在打地基，却已然将社区景观环境做到了位。

我们的景观设计的出发点是遵循生态原则、经济原则以及文化底蕴原则。我们的着眼点不是停留在视觉风景上，不只是单纯为了观赏，同时还要尊重人的生活、工作和休息方式，为丰富业主的物质生活、精神生活着想，防止所造的景观中看不中用，成为摆设品。

设计定位与依据：中国风水布局内核外化为现代化、国际化、科学的景观风格与元素。

### 1．基地分析

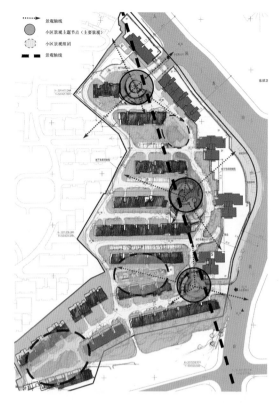

景观分析图

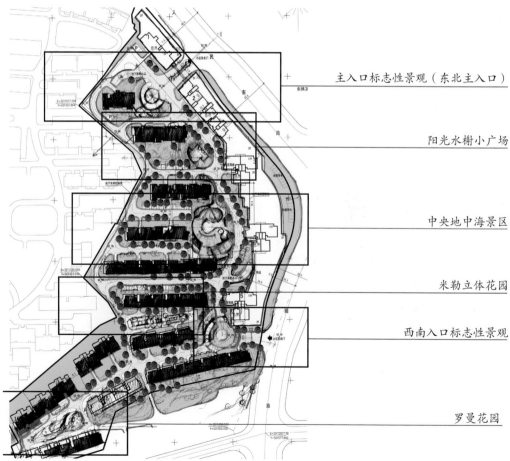

主入口标志性景观（东北主入口）

阳光水榭小广场

中央地中海景区

米勒立体花园

西南入口标志性景观

罗曼花园

小区景观方案总平面图

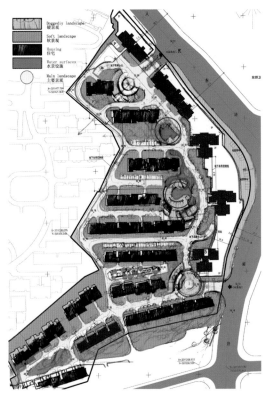

区域分析图

流线分析图

## 2. 概念草图

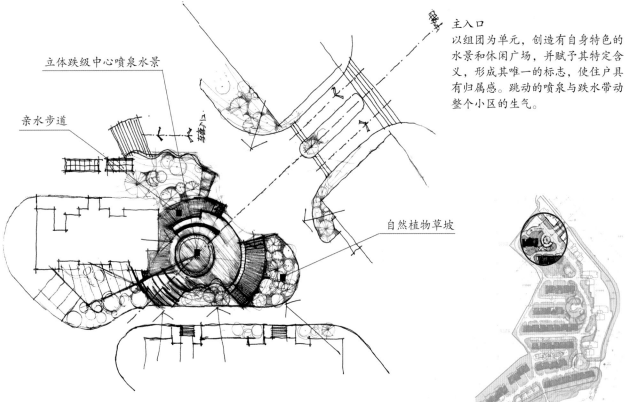

立体跌级中心喷泉水景

亲水步道

自然植物草坡

**主入口**

以组团为单元，创造有自身特色的水景和休闲广场，并赋予其特定含义，形成其唯一的标志，使住户具有归属感。跳动的喷泉与跌水带动整个小区的生气。

主入口标志性景观（东北主入口）

**人景合一**

景观设置增强参与性，聚旺人气。小区大门为气口，有路有水曲而至，即为得气，这样便于交流，可以得到信息，又可以反馈信息。

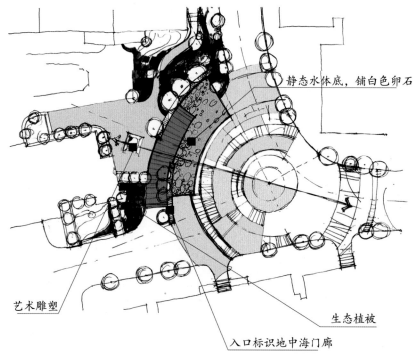

静态水体底，铺白色卵石

艺术雕塑

生态植被

入口标识地中海门廊

使人们从入口就感受到地中海风情，南北入口遥相呼应，圆形的广场布局改善原有地形的局限，在视觉上给人气派开阔的效果。

拱廊、水体、雕塑除了起标志性作用的同时，也是后部树林缓坡组团的景观延伸。

西南入口标志性景观

**藏风聚气**

后方的地势比前方高，左方的地势或建筑比右方高，且明堂开阔，以"圆"为核，这种环境便具备了"藏风聚气"的条件。

防腐木栈道观景平台

自然入水草坡

水心观景亭

地中海铁艺花架长廊

树荫读书散步区

**中央组团**

此区为已有规划中最中心也是最大的地块，基地设计竖向空间高低层错使其丰富变幻，将小区风格与文化内涵纳入景观体系：设施、植物、水体等。

湿地以自然缓坡形式与水相接，池内植水生植物，栈道横跨水面，岸边缀以雕塑、凉亭、水榭等。也是两大标志性入口的背景景观，贯穿整体。

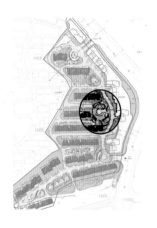

中央地中海景区

**依山傍水、地势益平**

依山傍水是风水学最基本的原则之一。山体是大地的骨架，水域是万物生机之源泉。在中心景观组团中设计自然植被的缓坡，南面敞开，房屋隐于万树丛中。流动与静态而贯穿整体的水系，滨与缓坡之间，流动的水，以分散过于集中的气场。不同形态的水体有界气、止气、蓄气的作用，也是风水催财的主要工具。

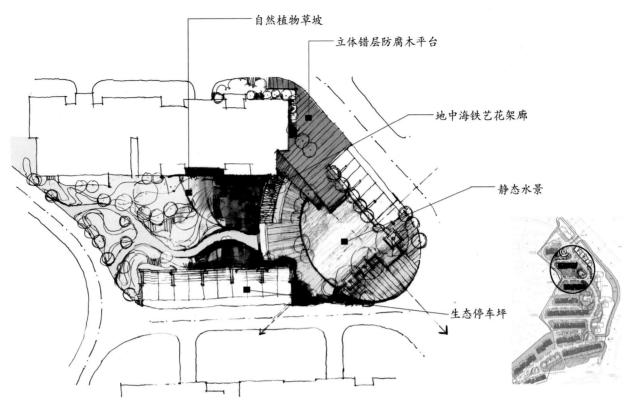

自然植物草坡

立体错层防腐木平台

地中海铁艺花架廊

静态水景

生态停车坪

阳光水榭小广场

打破常规的景观：道路交错横于花海绿叶之上。
满园深浅：闲看庭前花开花落，漫随天外云卷云舒。

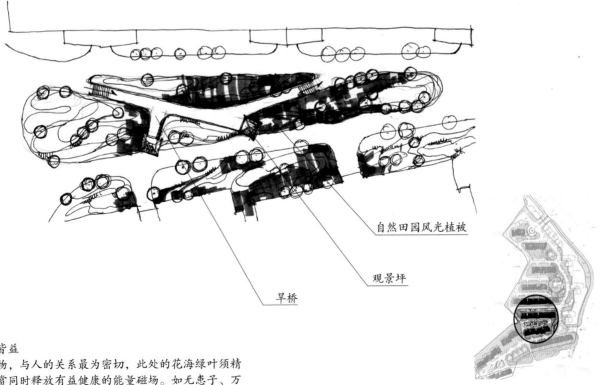

自然田园风光植被

观景坪

旱桥

吐纳有芳，身心皆益
宅旁绿地上的植物，与人的关系最为密切，此处的花海绿叶须精
心挑选，益于观赏同时释放有益健康的能量磁场。如无患子、万
年青、桂花、合欢、铁树等，此处以植物为兵，布阵造园。

米勒立体花园

强调住户的窗前景观的同时安排适当的组团庭院、游憩和休闲空间，使人们在闲庭信步时共同构成流畅温馨的风景线。

散步道、座椅、西班牙风小喷泉在植物中影影绰绰，悠然如私家花园。

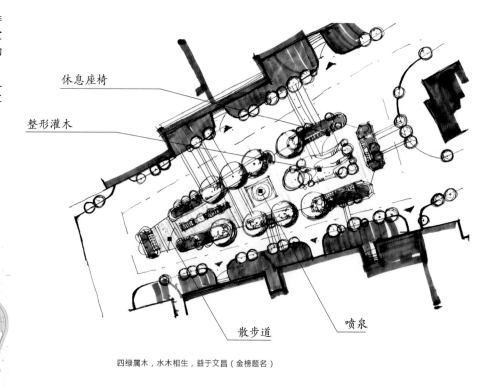

休息座椅

整形灌木

散步道　　喷泉

四绿属木，水木相生，益于文昌（金榜题名）

罗曼花园

## 3. 方案

西南入口标志性景观效果图

阳光水榭小广场效果图

米勒立体花园效果图

海德尔花园效果图

此案例由广州森昊设计公司供稿。

## 二、成都锦蓉佳苑

设计简述：

针对强调景观绿地的公建性、趣味性，并适当地增设临时的服务场所，将准客户和潜在客户吸引进来。

根据基地本身的地理位置竖向高差进行规划，将外部道路、景观、建筑融为一体。

基地西北面交临香樟大道与成龙大道的市政主干道，因此将此区域设置成完全开放的休闲广场，利用原有的高差，设计层级分段式的梯级平台与动感的跌级水景相交错，水体景观永远是人群最喜爱的聚集场所，通过水景的软性导入，可以很自然地将非直接消费人群引入销售中心内。

以中心市民休闲广场为中轴的两侧为自然放坡的花园式的树荫休憩区域，休闲座椅、散步道隐藏在花圃与树荫中，也同时成为销售中心、样板房的窗外景观，弱化建筑的体积感。销售中心的外部中心广场远离马路，通过林荫大道的引入，直接导入建筑内。

### 1．基地分析

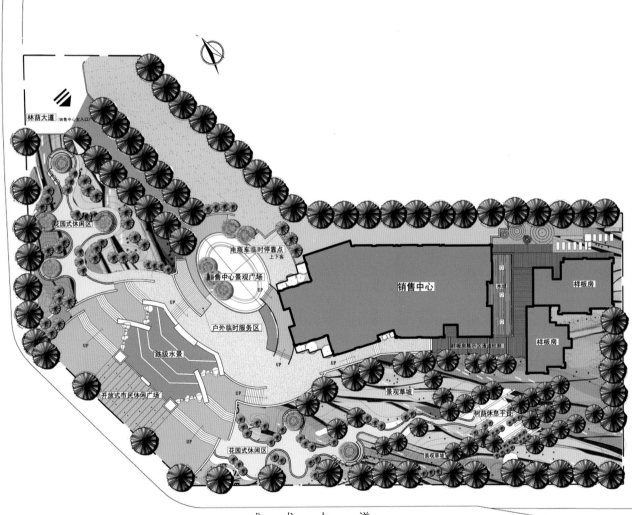

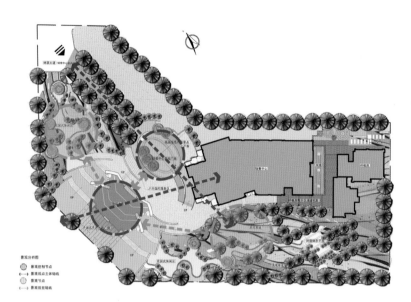

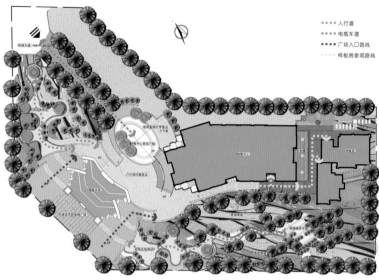

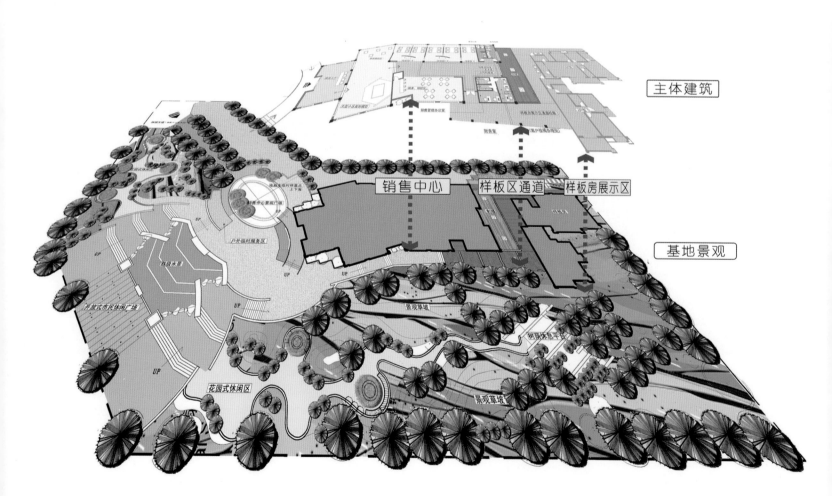

主体建筑

销售中心　样板区通道　样板房展示区

基地景观

## 2. 概念草图

## 3. 方案

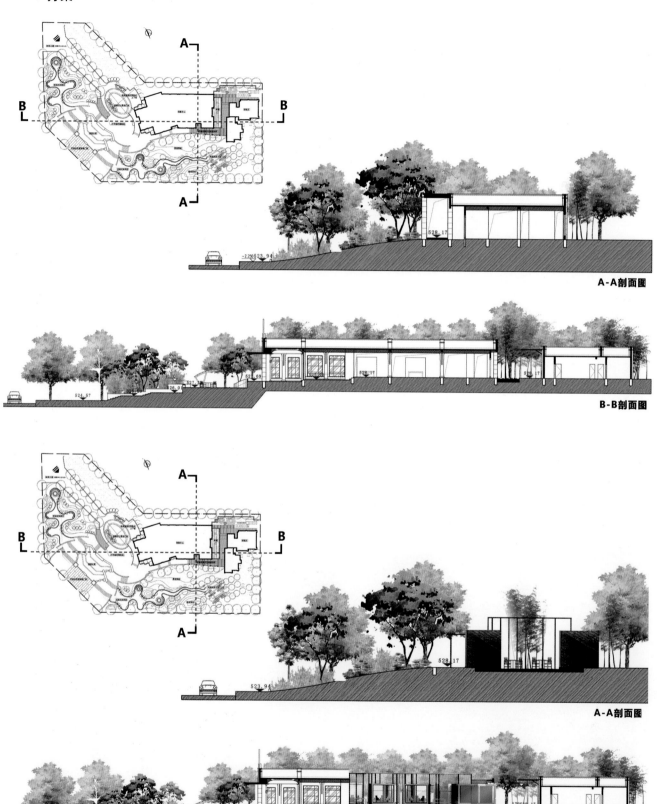

A-A剖面图

B-B剖面图

A-A剖面图

B-B剖面图

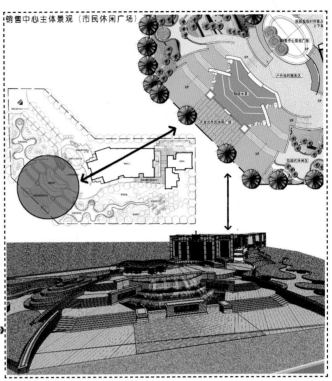

主体中心景观（市民休闲广场）
设计细节源于楼盘实景元素的延续、结构与重组。
跌级水景的水池细部设计元素来源与延伸
基地西北面交临香樟大道与成龙大道的市政主干
道，因此将此区域设置成完全开放的休闲广场，利
用原有的高差，设计层级分段式的梯级平台与动感
的跌级水景相交错，水体景观永远是人群最喜爱的
聚集场所，通过水景的软性导入，可以很自然地将
非直接消费人群引入销售中心内。

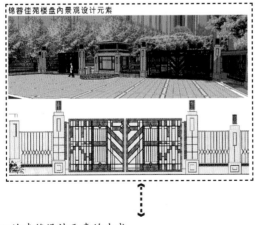

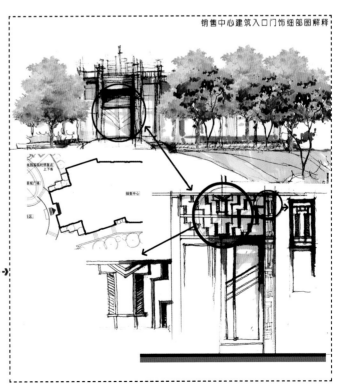

销售中心的建筑设计元素的生成
设计细节源于楼盘实景元素的延续、结构与重组。
楼盘小区景观的设计细节基于ART DECO的符号
性，本案的销售中心建筑入口大门的设计元素是小
区景观元素的衍生品。

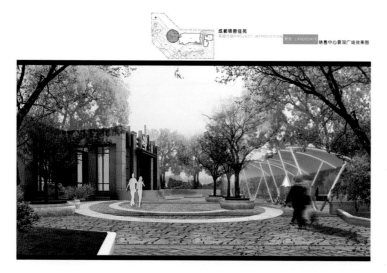

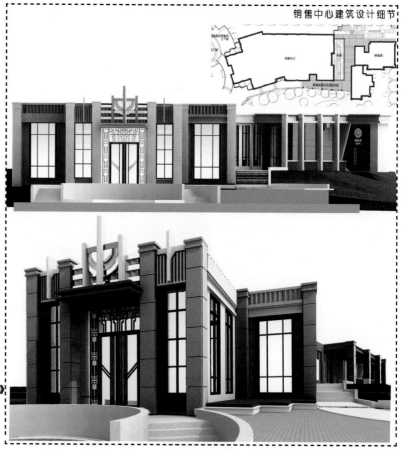

销售中心的建筑设计元素的生成
设计细节源于楼盘实景元素的延续、结构与重组。
楼盘小区景观的设计细节基于ART DECO的符号
性，本案的销售中心建筑入口大门的设计元素是小
区景观元素的衍生品。

此案例由广州森昊设计公司供稿。

## 三、和丰颖苑

和丰颖苑景观设计运用了"中西合璧，古韵新做"的设计手法，主要借鉴中国古典园林的空间营造手法，并以西方现代的景观语言加以诠释。同时以自然生态原则为主导，尽可能增加绿化面积和丰富的景观空间，将整个建筑群沿湖体和绿色景观组团交相呼应，为每户居民提供丰富的视野和亲近自然、放松身心的空间。同时融入中国传统文化内涵（人文、养身），让文化的魅力和韵味成为社区生活特有的底色。

和丰颖苑的景观设计充分考虑了园林水体设计的优势。在入口处，以极富动态的水景设计诠释了古典的奢华魅力，以其跃动式的水花变化为宁静的小区迎来汩汩生机。

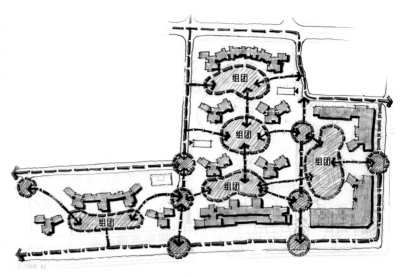

### 1．基地分析

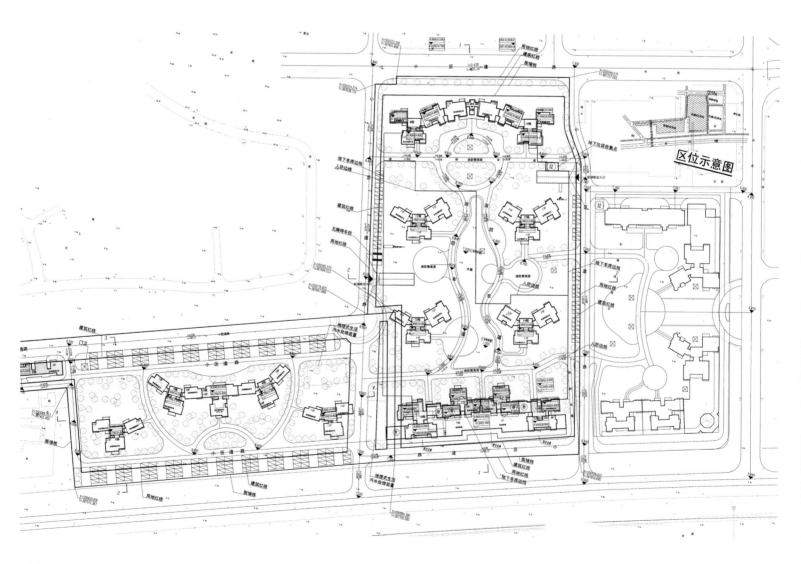

## 2．概念草图

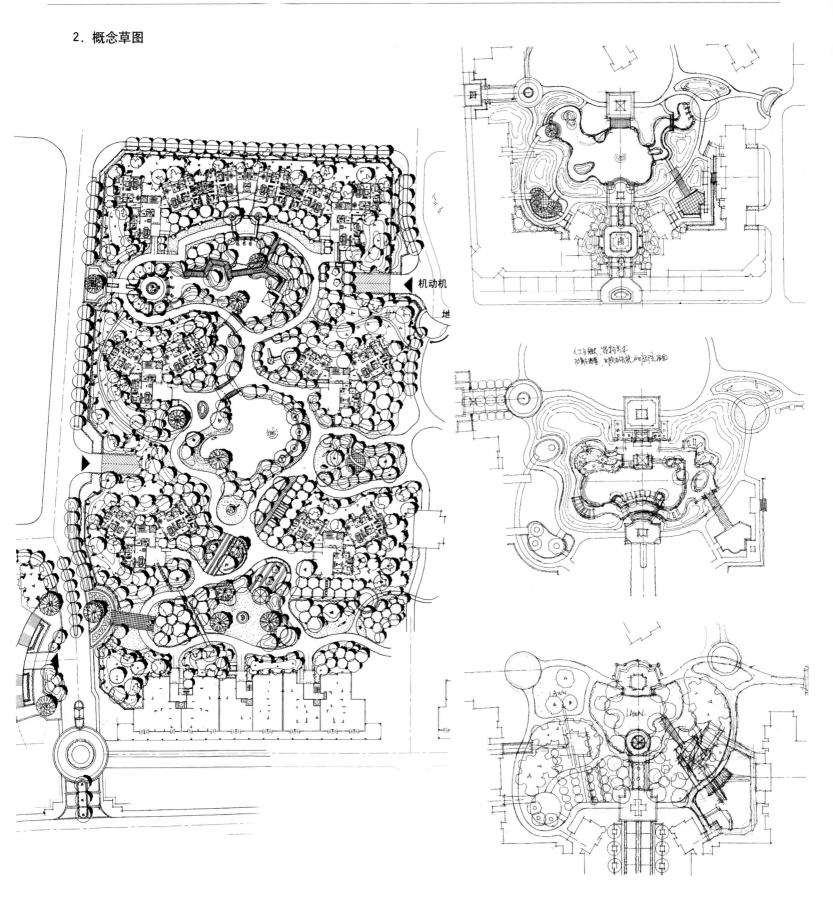

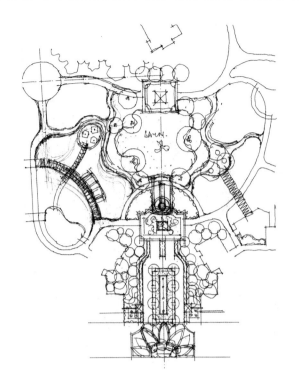
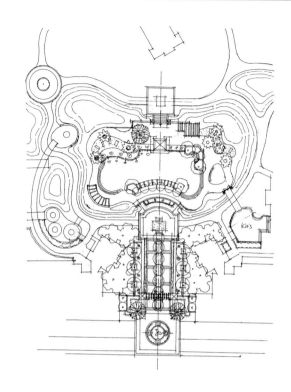

### 3. 方案

和丰颖苑内的布局精妙，层次高低错落，道路处处相通，曲折回环，扑朔迷离。建筑、湖水与园林浑然一体，突出了空间层次的变化和格调高雅的景观氛围。园中基调是空处有景，疏处不虚，大中阔景，小中致景，密而不逼，静中有趣，幽而有芳。加上丰富的绿化种植，从而形成绿树成荫、繁花似锦、曲水回环、花堤柳岸等具有特色的景观韵味。

　　走进园内主景区域，会被满庭青翠、错落有致的景色所吸引。在阳光雨露之中，花草吐露芬芳，翠灌绿柳显得更加多姿多彩，生机盎然。园内设计了景观湖，湖岸细柳轻摇、暗香浮动，湖面波光粼粼、疏影横斜，湖中喷泉直涌，结合湖边廊、亭、栏，巧妙地构成一体，十分和谐。结合周边环境设计，使得整个景观设计既有大形式上的统一，也有细节上的精雕细琢，做到了"布局之工，结构之巧，装饰之美，营造之精，文化内涵之深"的境界。利用植物、水景、铺装、小品等营造空间，并通过有趣味性的路径相连，为居民提供休息、活动、健身等不同功能的活动场所，力求达到"庭院深深深几许"的意境，方寸间自成天地，精细自然之处却包含无限深邃。

## 4. 扩初

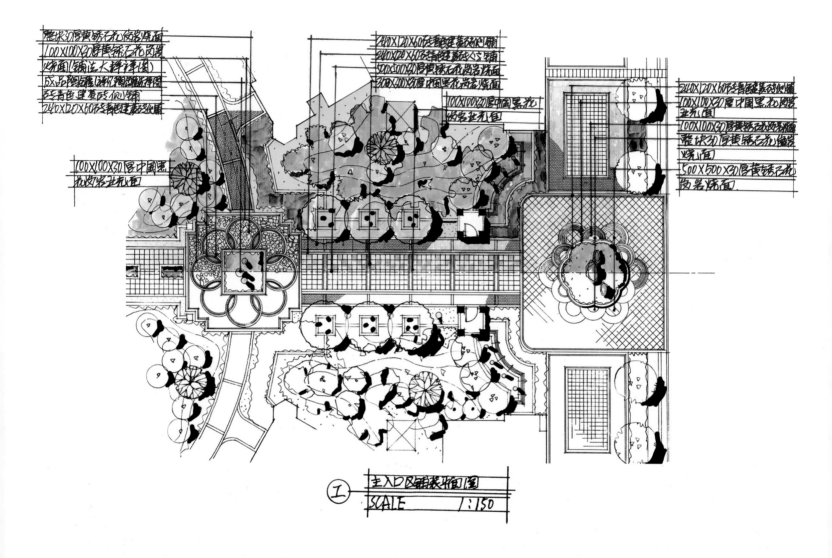

①  主入口铺装平面图
SCALE 1:150

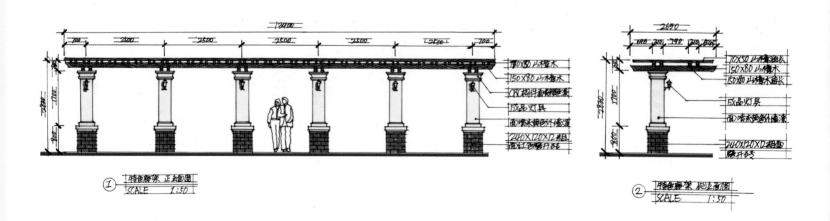

①  特色廊架 正立面图
SCALE 1:50

②  特色廊架 侧立面图
SCALE 1:50

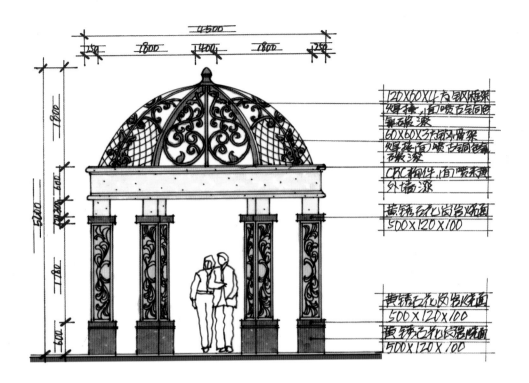

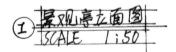

景观小亭立面图
SCALE 1:50

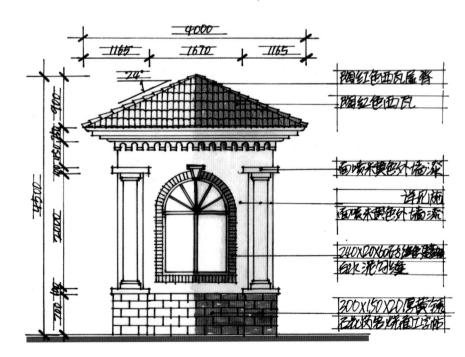

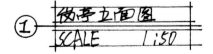

后亭立面图
SCALE 1:50

此案例由广州邦景园林设计公司供稿。

## 四、誉东方

项目在建筑方面采用现代简约的线条和立面构成来展现时尚简约的居住空间，同时整体布局围合成一个内敛型的庭院空间，为景观营造宁静、舒适、自然、亲切的庭院空间提供了良好的基底。

项目地处广东河源，从规划和单体设计角度来说，以精品路线为主，小区应具有足够吸引人的卖点（艺术、景观空间）和精致高品质的设计方能脱颖而出。因此景观如何较好地展示小区整体形象，塑造艺术景观亮点，提升小区文化景观品位，也就成为我们此次设计的出发点。

本项目建筑以现代风格为基调，突出现代的尊贵典雅感；园林设计继承建筑的风格，以现代简洁风格为主调，同时融入对细节追求的尊贵典雅感受，通过园林景观营造浪漫的生态空间。并在空间营造及构筑物、铺装、材料、小品等处处细节中感受到一种有艺术感的奢华品质。

### 1．基地分析

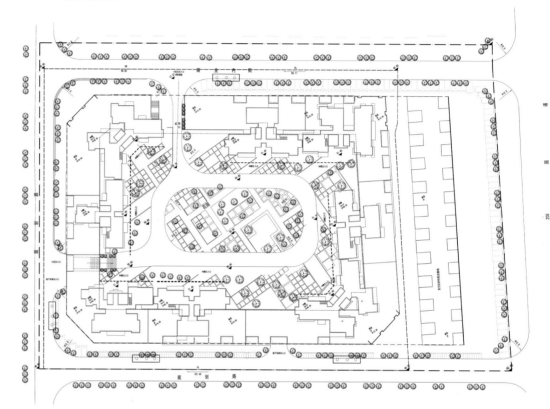

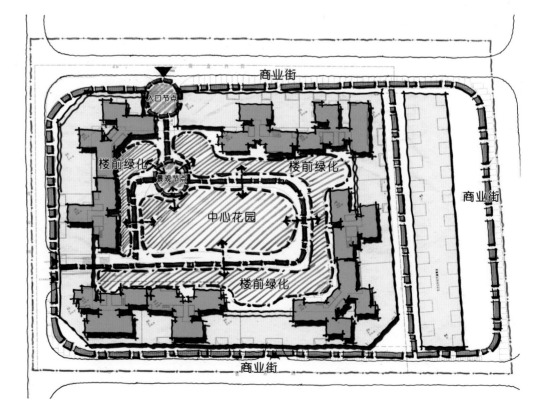

## 2. 概念草图

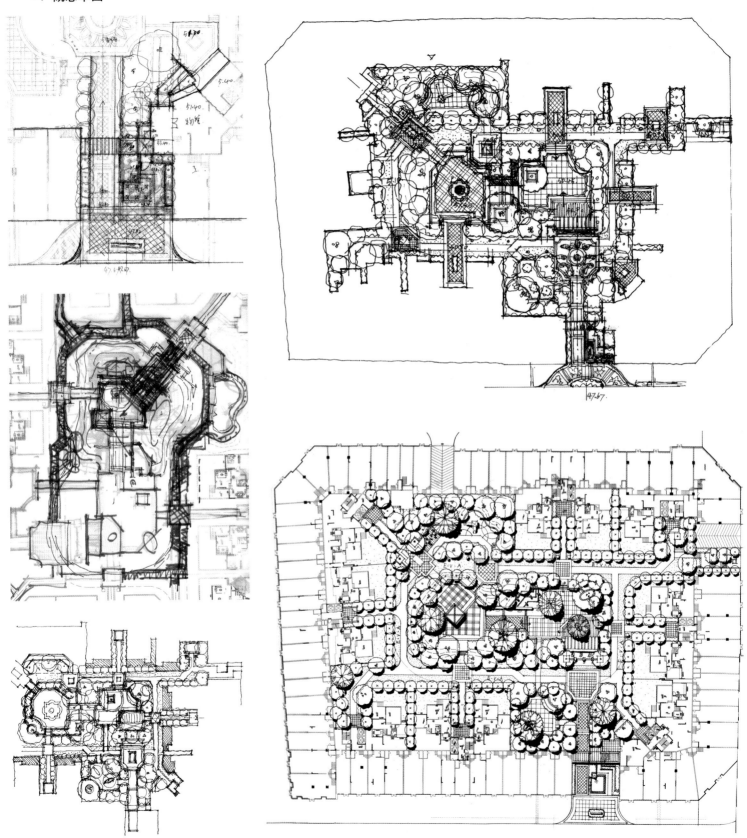

### 3．方案

最大限度地利用内庭空间，打造浪漫的庭院景观，并利用有限的空间，运用现代规划设计手法和传统造景手法，通过对景、障景、框景等手法增加空间感，利用有限的空间创造出无限的空间意境。整体园林景观采用暖色为主色调，既呼应了建筑主题，在感官上又更能营造一种归属感，家的温馨。

通过草坪，结合小品、灯柱及花基等细部，让居住者近看时能感受到精致的细节。内庭花园特色的景观叠水，结合风趣的植物空间，让居住者能徜徉在其中感受宁静舒适的浪漫尊贵生活，享受经典的悠扬曼舞生活。

**4．扩初**

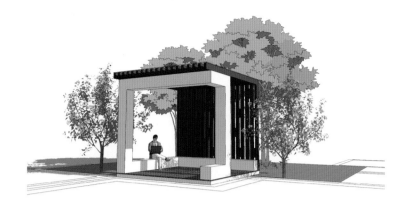

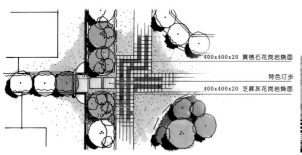

400x400x20 黄锈石花岗岩烧面
特色汀步
400x400x20 芝麻灰花岗岩烧面

园塾入户一平面图

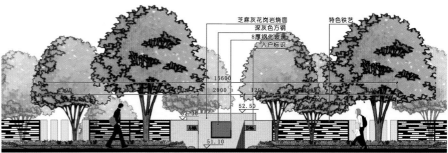

芝麻灰花岗岩烧面
深灰色方钢
8厚钢化玻璃
入户标识
特色铁艺

园塾入户一立面图

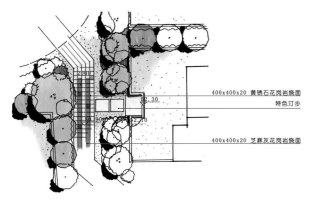

400x400x20 黄锈石花岗岩烧面
特色汀步
400x400x20 芝麻灰花岗岩烧面

园塾入户二平面图

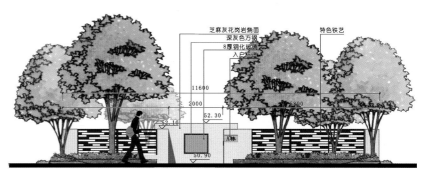

芝麻灰花岗岩烧面
深灰色方钢
8厚钢化玻璃
入户标识
特色铁艺

园塾入户二立面图

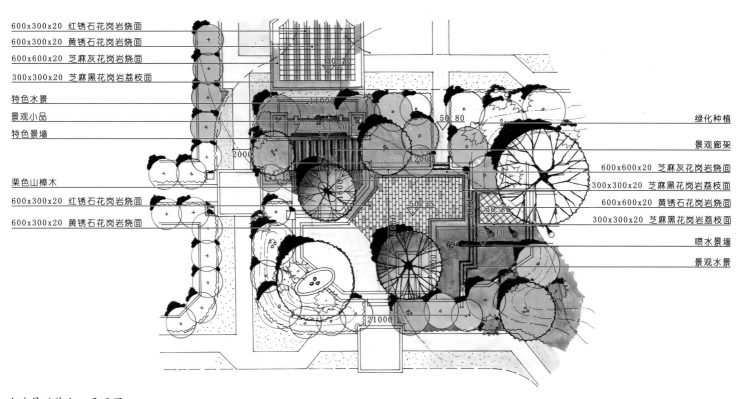

600x300x20 红锈石花岗岩烧面
600x300x20 黄锈石花岗岩烧面
600x600x20 芝麻灰花岗岩烧面
300x300x20 芝麻黑花岗岩荔枝面

特色水景
景观小品
特色景墙

栗色山樟木
600x300x20 红锈石花岗岩烧面
600x300x20 黄锈石花岗岩烧面

绿化种植

景观廊架
600x600x20 芝麻灰花岗岩烧面
300x300x20 芝麻黑花岗岩荔枝面
600x600x20 黄锈石花岗岩烧面
300x300x20 芝麻黑花岗岩荔枝面

喷水景墙
景观水景

内庭景观节点一平面图

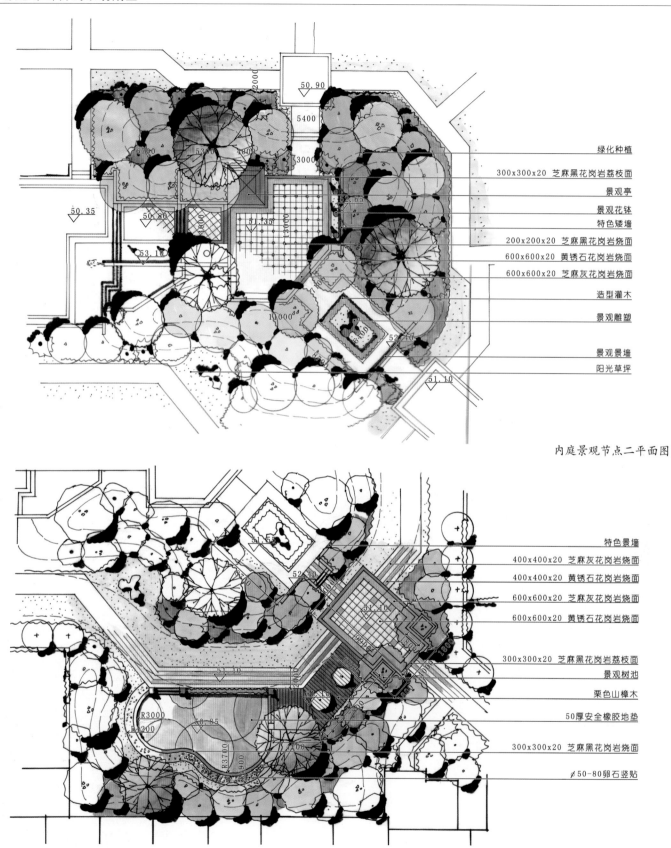

绿化种植
300x300x20 芝麻黑花岗岩荔枝面
景观亭
景观花钵
特色矮墙
200x200x20 芝麻黑花岗岩烧面
600x600x20 黄锈石花岗岩烧面
600x600x20 芝麻灰花岗岩烧面
造型灌木
景观雕塑

景观景墙
阳光草坪

内庭景观节点二平面图

特色景墙
400x400x20 芝麻灰花岗岩烧面
400x400x20 黄锈石花岗岩烧面
600x600x20 芝麻灰花岗岩烧面
600x600x20 黄锈石花岗岩烧面

300x300x20 芝麻黑花岗岩荔枝面
景观树池
栗色山樟木
50厚安全橡胶地垫
300x300x20 芝麻黑花岗岩烧面
⌀50-80卵石竖贴

此案例由广州邦景园林设计公司供稿。

内庭景观节点三平面图

## 五、月亮湾一期居住区

当面向碧波万顷的自然原野被拔地而起的建筑占据，

当绿意葱葱的田野变成了刚劲厚重的住宅大楼、笔直的沥青道路，

当混凝土、金属、玻璃幕墙成为环境的主宰，

人们要到哪儿去寻找绿色的梦想，心灵放飞的伊甸园？

每当我们看到那些充满自然气息、宁静恬淡的东南亚图片，

每当我们看到以自然为美、以生态为美、以植物为美的佳作，

都会感受到一种强烈的心里冲击，

怎样才能留下心中的原野生态印记？

怎样使引人注目的现代化建筑与周遭的环境和谐共处？

这一切的一切，

项目的最初理解就由此而来。

——让时尚现代的建筑掩映于宁静而又生机盎然的森林绿带之中。

设计理念：干练流动的线条，舞动多彩的森林。

从本项目的自身出发，结合销售定位和整体建筑规划布局，景观设计在延续旅游度假休闲基调的前提下，沿用了自然生态的造景手法，呼应"自然与休闲并举，风情与人文共行"的景观主题。通过干练流动的线条组织出空间的流动感，通过绿意葱葱的植物营造出社区的生机盎然，让久居城市的现代人体验舞动多彩的大自然社区。

景观通过借鉴东南亚风情的韵味，采用现代简约、时尚艺术的处理手法诠释经典的华章。景观设计努力糅合东南亚度假风情、建筑组团空间、自然生态和社区氛围四个方面，倡导"花香人和，怡然自在"的生活理念，贯彻现代生态的设计手法，达到师法自然，高于自然，并配合现代艺术的点缀，丰富空间的趣味性。

设计中以流动的曲线，干练的直线贯穿全园，穿插热烈而浪漫的花带和开阔的草坪，表达出一种纯净的诗意，同时通过植物合理地经营布局，时而开阔，时而幽闭，使整个社区在流动的绿意环绕之中，处处可坐可戏，细赏环境之娇艳、大树底下的点点光影。设计中尽可能留出绿化空间，并在各个组团空间营造舒适的邻里休闲场所，给居者一个户外交流的绿色客厅。

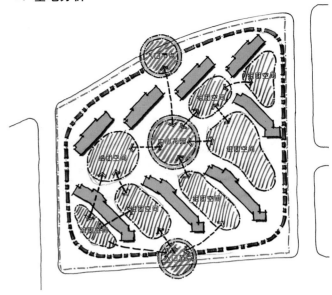

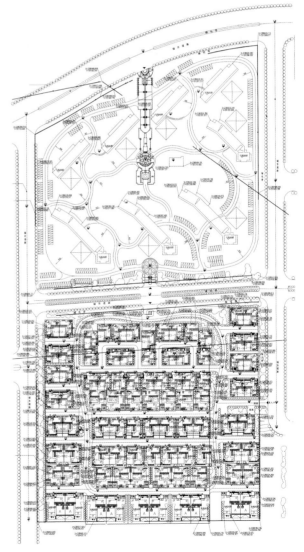

## 2. 概念草图

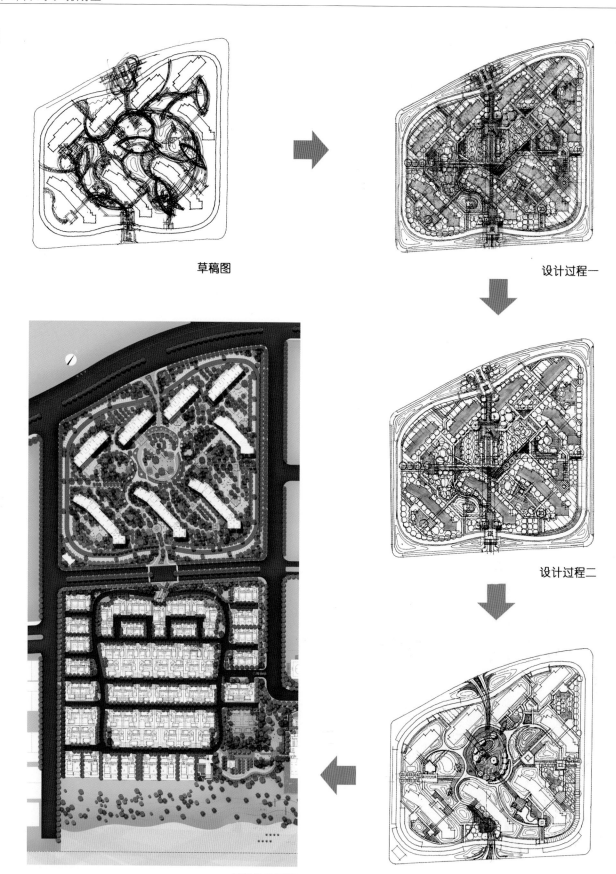

草稿图

设计过程一

设计过程二

设计过程三

最终总平面图

### 3. 方案

**（1）标志性艺术入口景观**

为了使项目有卓尔不群的风范，景观设计摒弃了传统常规的入口设计理念，以充满时尚张力的门岗构架、粗犷厚重的景墙、动感灵动的水景、野味十足的植物为入口主要造景元素，整个入口景观既有东方园林的俊逸秀雅，又不失尊贵大气，使人们还未进入社区心灵就已经受到了强烈的动感冲击，整体展现出缤纷热烈、喜庆好客的迎宾气氛。

以简洁的几何构图，现代干练与自然厚重石材相互对比，衬托出简洁、大方的环境特征，用现代简约的景观设计手法营造主入口景观。不论尊贵大气的体量，还是粗犷的自然材质，都给人以强烈的视觉冲击，极大地强化了整个入口区域的昭示性。

入口延续空间也是景观营造非常重要的部分，因此设计了简洁流畅的交通流线，并与入口环境相融合，采用轻松、休闲、跳跃的空间构成方式进行处理，为了彰显空间的国际范、

气派干练，种植了树形完整、长势优美的大乔木作为衬托，结合灵动性十足的水景，东南亚风情小品，结合干净的石材地面铺装，呼应主题，很好地体现了社区的尊贵感和品质感。

次入口的设计延续了主入口简约干练、充满视觉冲击力的设计格调，通过对称性的景观处理手法，利用景观大树和野味十足的茅草芦苇荡，将原有平淡的空间从视觉上拓展和延伸，增加了空间的进深感，同时通过特色岗亭和入口景墙的合理设置提升了入口空间品质感。

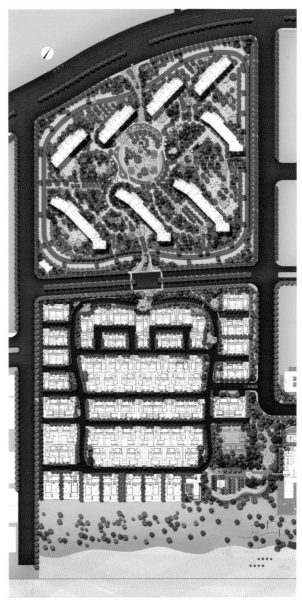

景观目录：

1. 北区主入口水景
2. 北区主入口岗亭
3. 停车位
4. 时花带
5. 特色水景
6. 景观塔楼
7. 阳光草坪
8. 树荫平台
9. 活动平台
10. 休闲木平台
11. 景观亭
12. 草坪雕塑
13. 密林种植
14. 节点平台
15. 南区构架
16. 南区主入口广场
17. 活动广场
18. 休闲平台
19. 铺装平台
20. 休息空间
21. 样板房前广场
22. 电瓶车停车场

（2）浓墨重彩核心组团

核心组团，社区中浓墨重彩的一笔，社区重要的聚会活动空间，结合整体布局，景观设计无形间柔化行列式布局的生硬感，犹如神龙潜隐其中，一种流动柔美的形态，亦龙、亦水，各功能性节点景色穿插其中，生机盎然，自高层俯瞰，犹如一幅流动的风景。

设计以自然灵动的浅水带环绕一周形成水心岛的概念，同时浅水带每隔一段距离设有独具特色的踩水区，辅以景观建筑，形成轻松休闲的活动平台，顺着平台是干净的疏林草地，树丛中五颜六色的花灌木为空间增添了许多亮丽的色彩。在这里，不但吸引着成年人，更吸引着孩子们到这里寻幽探胜，踩水区对于孩子们来说充满了乐趣和挑战。

该区域位于整个社区的中心位置，景观以简约明快的现代造景基调来构建一个宜人的聚会场所。走进该区域，从空间的布局到铺装材料的选择都极力为该区域增添无限活力。灵动的喷泉和浅水带、绿意葱葱的植物、别具特色的景观小品设置，让人们在亲近自然、感受自然的同时，参与到整个休闲的氛围中，是人们聚会、休闲、活动的场所。在满足功能需求的同时，更满足了大众的娱乐和审美需求。

（3）组团空间

相对社区核心景观区域而言，宅旁绿地组团的受众群最大，是使用率最高的区域，今天的组团绿地已不再是狭义的入户通道、消防登高面功能场所，而是成为人们社交、休闲娱乐、健身嬉戏的组团空间。

景观充分依托建筑的形态，满足消防和入户通道等基本功能要求，采用简约明快的空间处理手法，通过干练的线条空间、韵律活泼的铺装地花、树形优美的乔木种植、缤纷多彩的灯光设置、煽情性十足的摆设品等把缤纷时尚的度假气氛充分烘托出来，打造一个时尚简约的风情性社区空间，提高了大众对楼盘的直观感受。

借鉴了传统园林疏密相间、曲径通幽、植物造景手法，在满足人车流集散、社会交往、老人活动、儿童玩耍、散步、健身等需求的前提下，合理设置疏林草地、林荫休闲空间、凉亭休憩节点，为业主提供方便和舒适的景观空间，通过简洁的造景方式来营造恬淡雅致的居住休闲环境，与自然交融，从而得到精神上的放松。

设计充分利用建筑规划所形成的半围合院落空间，运用先抑后扬、收放得当的空间划分手法，结合地形堆坡、风情构架、植物层次营造，创造出有收有放、虚实结合的空间体验。

该空间以大面积的、宽阔的阳光草坪为主，主要是衬托周边建筑简洁、典雅、现代、流畅的线条感和形式美，为建筑前方提供一个开阔的视野，在后方提供一个绿色的平台，业主可以在草坪上躺卧、晒太阳、打太极……惬意而充满情趣。

主要从竖向方面去丰富空间，增加景观的观赏性和人的参与性。空间以高大乔木为主，缤纷的绿化带分布，创造出垂直界面上的多个绿色层次。

本组团以道路为整体骨架，利用直线的简约和曲线的柔和浪漫，通过植物的围合来满足业主对各种生活空间的需求。恰如其分的围合和分割各个功能区间，使得体块既有分割，又相互渗透。老人活动广场、儿童活动广场等休闲场所，无不为业主提供了很好的参与性。

步入庭院，开敞的草地、简洁的观景平台、休闲平台，营造一步一景、步移景异的情趣空间，力求户户有景，家家亲绿，为业主户外活动提供一个安全舒适的环境。

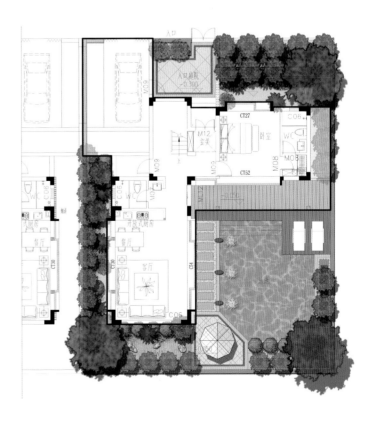

## 4. 扩初

隐性消防车道　　　500x500x30芝麻灰花岗岩烧面　　　消防登高面　　　混凝土饰面园路　　　500x500x30芝麻黑花岗岩烧面
特色树池　　　　　500x500x30芝麻黑花岗岩烧面　　　隐性消防车道　　　特色树池　　　　　　500x500x30芝麻灰花岗岩烧面
植草格　　　　　　500x500x30芝麻灰花岗岩烧面　　　特色小品　　　　　木平台　　　　　　　隐性消防车道
　　　　　　　　　500x500x30芝麻黑花岗岩烧面　　　　　　　　　　　　　　　　　　　　　木平台

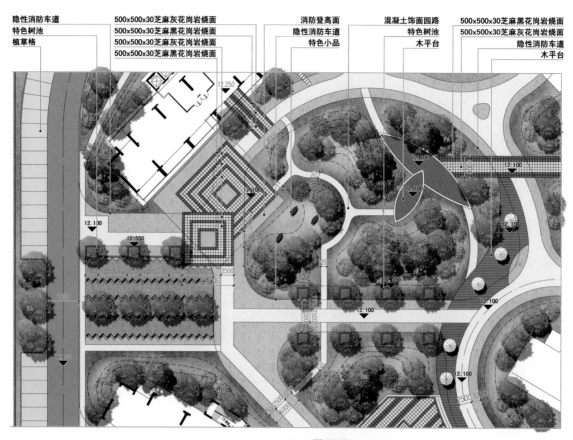

**JB-4 平面图 1:300**

500x500x30芝麻灰花岗岩烧面　　500x500x30芝麻灰花岗岩烧面　　水景树池　　　　　　500x500x30芝麻灰花岗岩烧面　　500x500x30芝麻黑花岗岩烧面
500x500x30芝麻黑花岗岩烧面　　500x500x30芝麻黑花岗岩烧面　　特色小品　　　　　　500x500x30芝麻黑花岗岩烧面　　500x500x30芝麻灰花岗岩烧面
隐性消防车道　　　　　　　　　汀步　　　　　　　　　　　　凉亭详　　　　　　　矮墙　　　　　　　　　　　　隐性消防车道

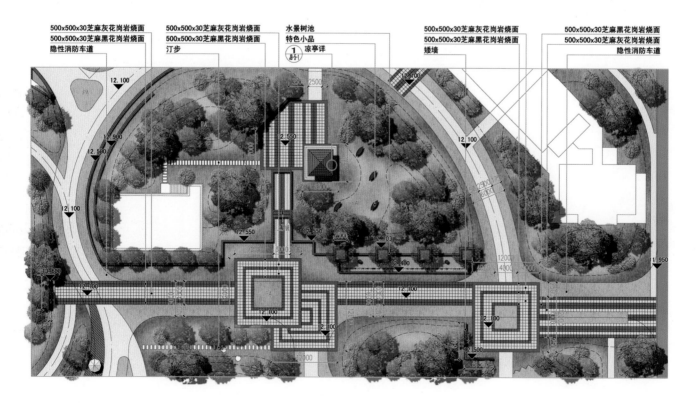

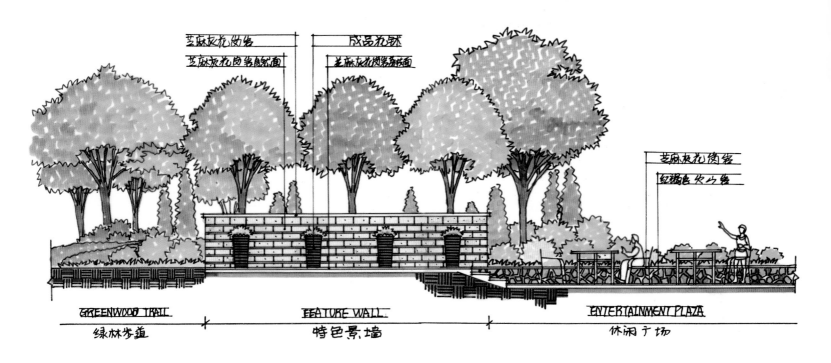

芝麻灰花岗岩
芝麻灰花岗岩烧毛自然面
成品花钵
芝麻灰花岗岩烧毛自然面
芝麻灰花岗岩
红褐色火山岩

GREENWOOD TRAIL　　　FEATURE WALL　　　ENTERTAINMENT PLAZA
绿林步道　　　　　　特色景墙　　　　　　休闲广场

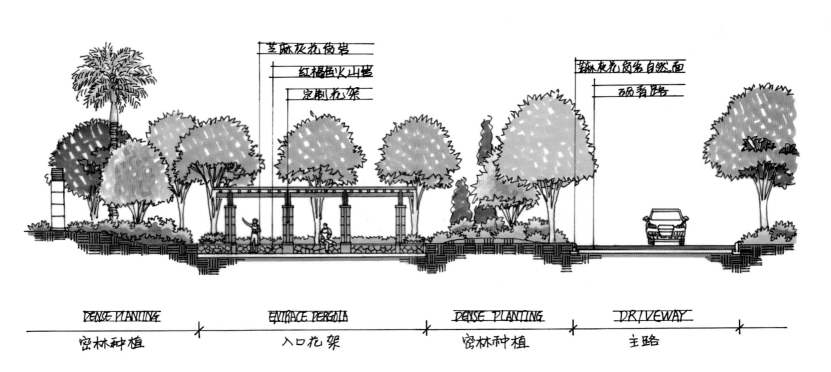

芝麻灰花岗岩
红褐色火山岩
定制花架
芝麻灰花岗岩自然面
沥青路

DENSE PLANTING　　ENTRANCE PERGOLA　　DENSE PLANTING　　DRIVEWAY
密林种植　　　　入口花架　　　　密林种植　　　主路

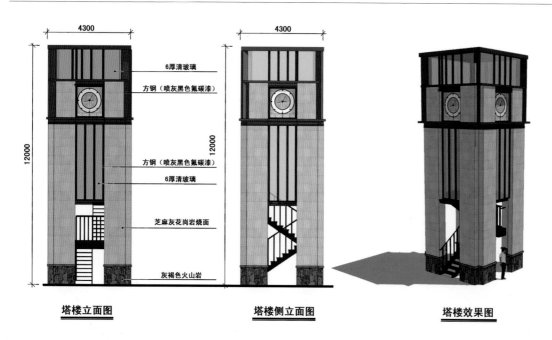

塔楼立面图　　　　塔楼侧立面图　　　　塔楼效果图

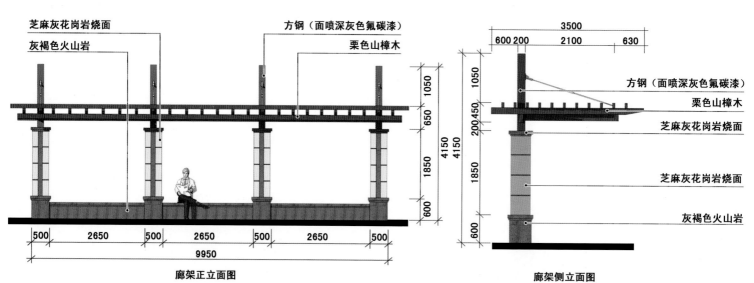

廊架正立面图　　　　廊架侧立面图

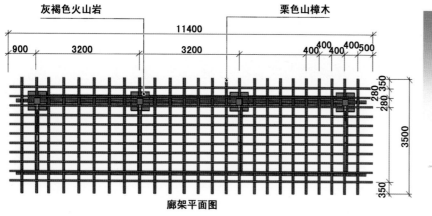

廊架平面图

廊架效果图

此案例由广州邦景园林设计公司供稿。

# 第四节　旅游景区景观

## 一、丹霞山索道及漂流区景观

设计简述：

丹霞山，以丹霞地貌闻名于世，景观区命名为"中国化石公园"。灵溪河度假山的景观规划纳入了"大丹霞"风景区。时值雨后，群山浴于烟雾之中，宛若仙境。灵溪河九曲十八湾的漂流中，两岸景色秀美多变。整个景观规划过程主要是起"发掘"的作用，通过景观节点设置一些自然景观的人文故事。最后，希望把原汁原味的天然还给每个旅游者。

### 1. 基地分析

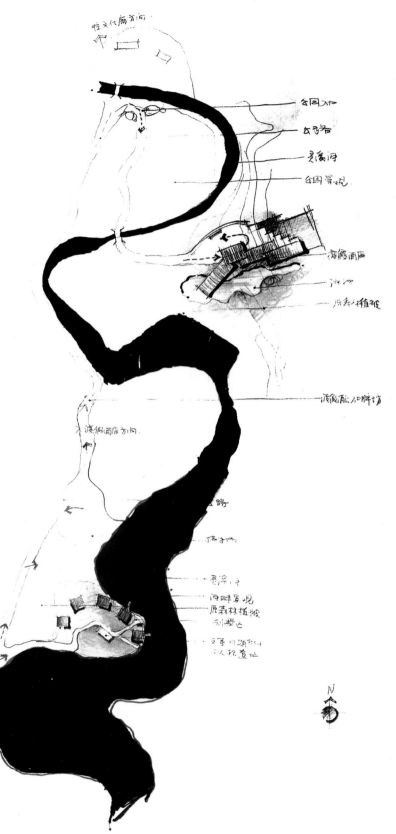

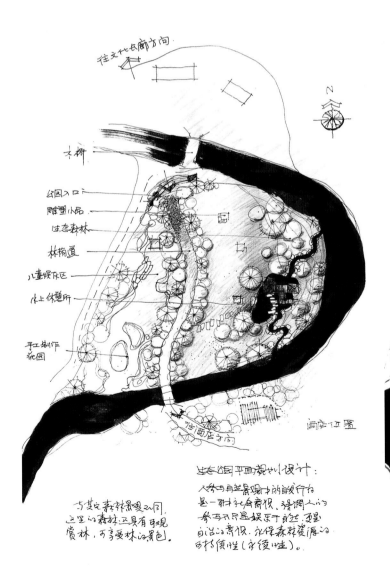

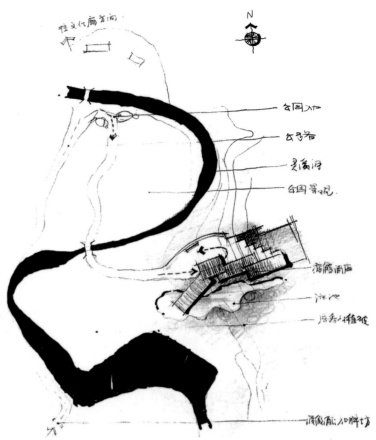

## 2. 概念草图

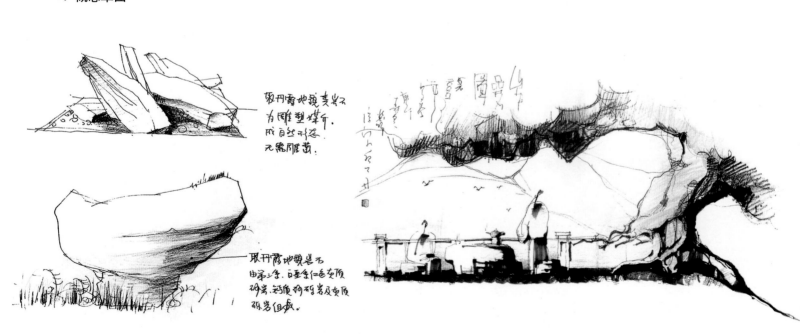

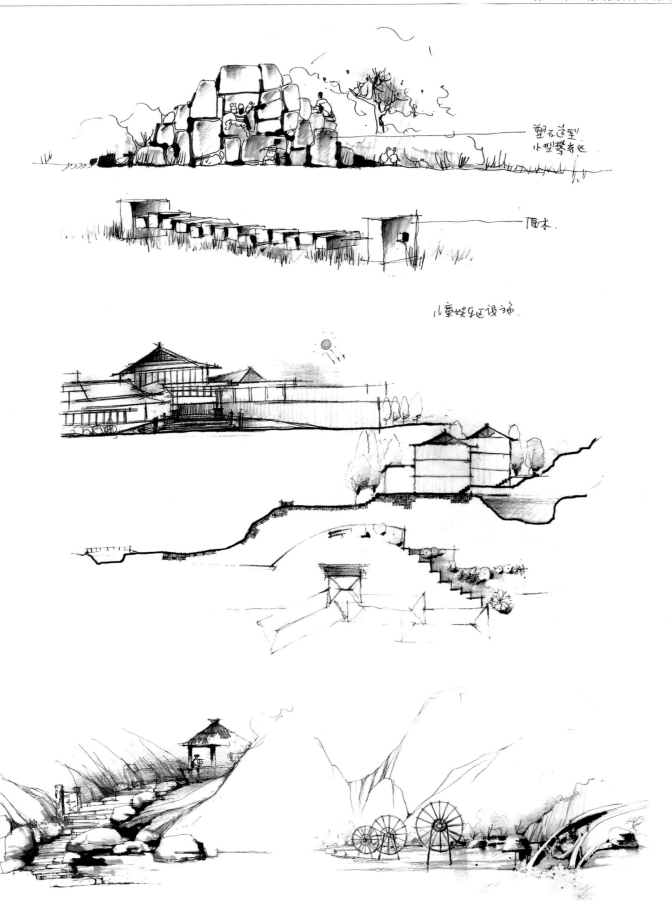

塑石造型
小型攀特区

园木.

儿童娱乐区设施.

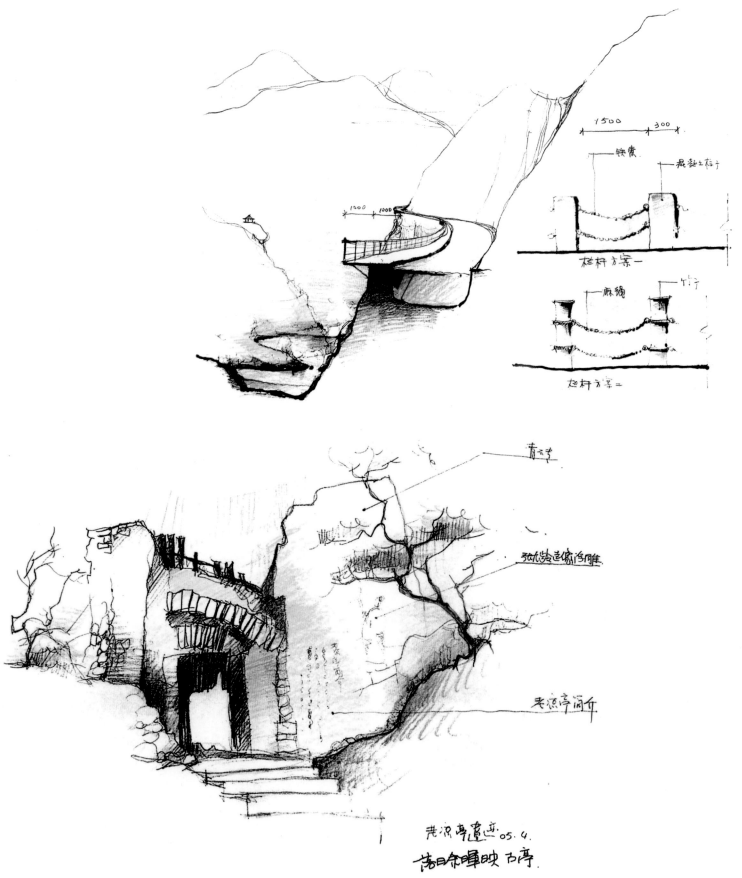

## 3. 方案

此案例由广州森昊设计公司供稿。

## 二、月亮湾景区

设计构思：

面对当今日益严重的生态和环境问题，生态与健康在人们心目中的地位日趋加重，自然生态和健康休闲也逐渐成为度假休闲区的设计与开发主旋律。随着人们对品位的追求，越来越多的消费者在关注生态健康的同时，越来越追求个性化的情境空间和风情感受，更多倾心于所处环境氛围中所体现出来的品质感和文化底蕴。

《周易》云："仰则观象于天，俯则观法于地。"体现在景观上便是"天人合一"，即自然与人相互交流，和谐共生。项目地块面向碧波万顷的海湾，优越的自然条件得天独厚。如何在尊重原有地形及景观特质的前提下塑造高品质度假休闲区，也成为我们设计的挑战。

"海天一色的观海广场"

设计以现代简约的设计手法为主，以简洁的同心圆，流畅灵动的曲线贯穿始终，种植形式以规整式与自然式相辅相成，使空间既有序列感又有生态自然的生机，在最大化满足使用功能的前提下，一方面留出开敞的铺装面积提供足够的活动空间，同时通过景观构架、情景小品等景观元素的综合运用，赋予广场深厚的文化内涵。

### 1．基地分析

月亮湾位于阳西沙扒镇，头枕北仔岭，面向南海，海岸线长13.7千米。湾形如新月，故名月亮湾。月亮湾依山傍海远离喧哗，松林茂密，礁石奇立，旅游资源丰富，素有"东方夏威夷""中国马尔代夫"之称。一期启动区占地面积约10800平方米，整个项目我们将充分利用绵长的海岸线资源，以北侧山体为景观背景，创造丰富的海面景观和变化丰富的沙滩体现，通过山体、内陆、海洋三大特色板块的景观结构体系，打造出具有浓郁的休闲度假风情的旅游地产项目。

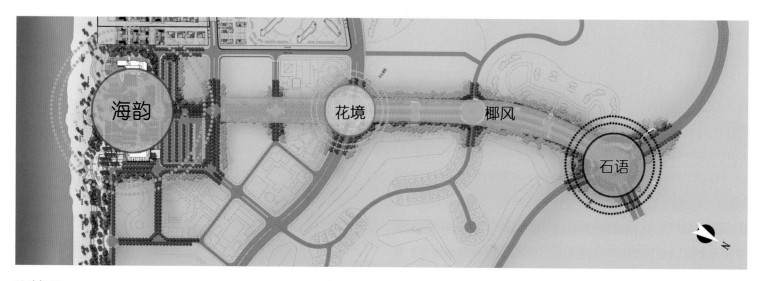

设计概述：

本次景观设计的范围可概述为"一轴三点"。一轴，即南北向的道路景观带；三点，即道路沿线三个景观节点。我们以自然造景元素为题，围绕海洋文化，将"一轴三点"策划成四个自然主题，分别为：石语、椰风、花境和海韵。

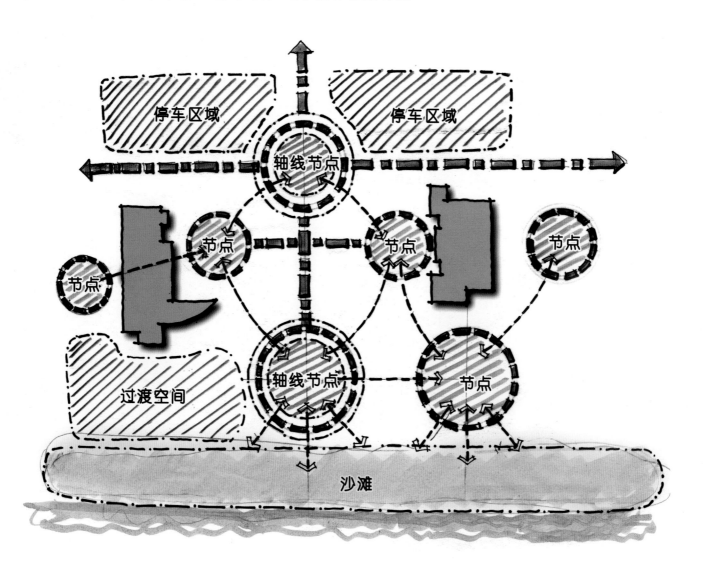

2．概念草图

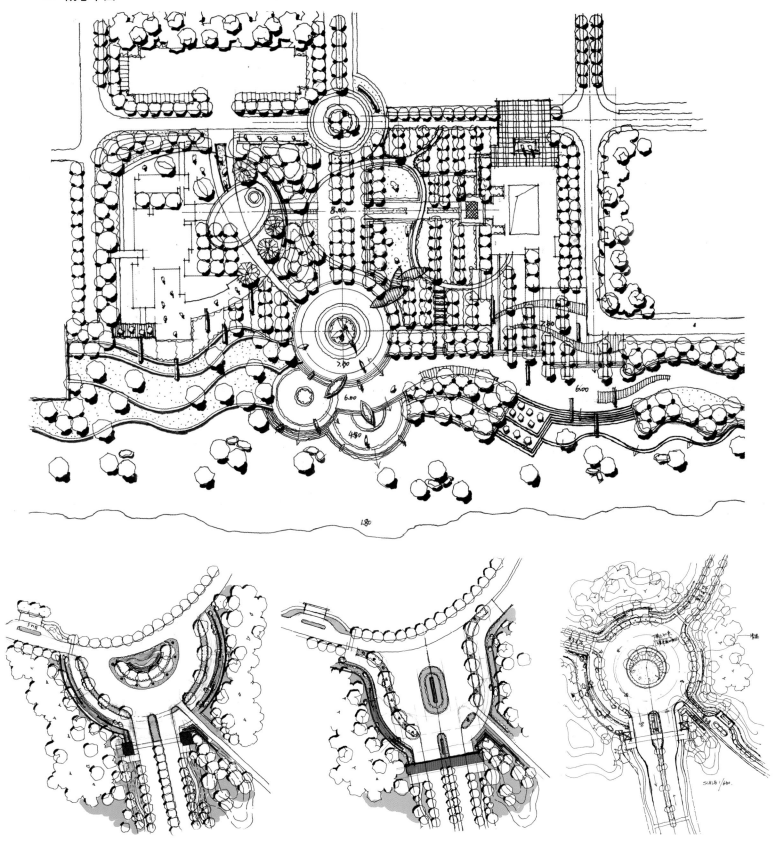

## 3．方案

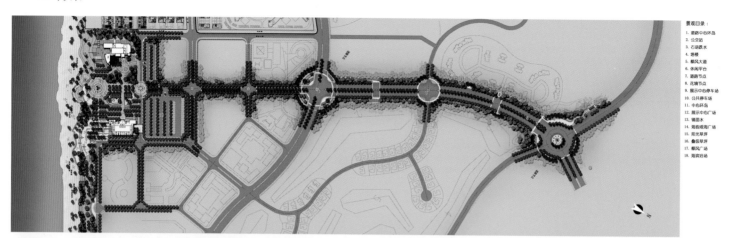

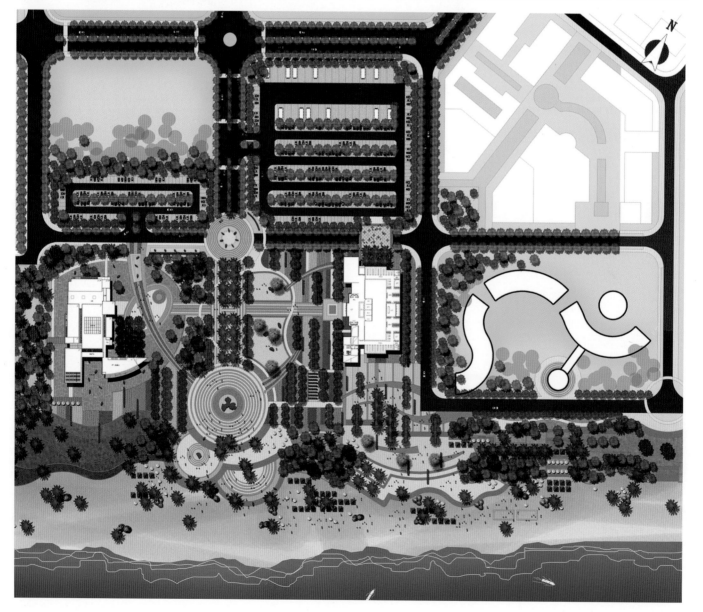

### 4. 扩初

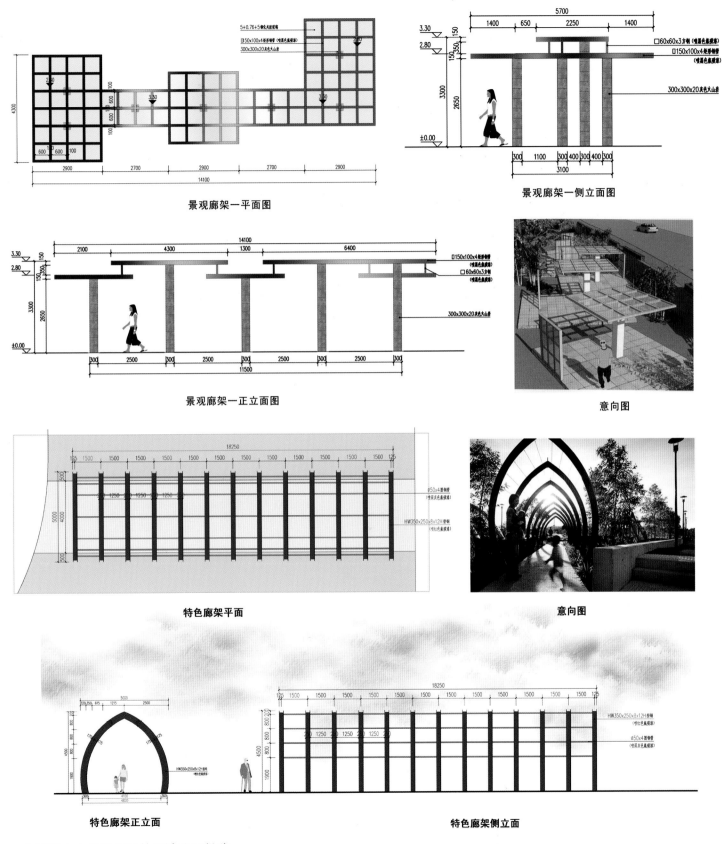

景观廊架一平面图

景观廊架一侧立面图

景观廊架一正立面图

意向图

特色廊架平面

意向图

特色廊架正立面

特色廊架侧立面

此案例由广州邦景园林设计公司供稿。

## 三、增城荔韵公园

设计简述：

动静之间亦动亦静。

中国山水景观：可观—可息—可游—可赏—可居。

山水格局：乐山—乐水。

对四个山头的主景区设计。以四季变化作为设计线索，增城四季不显著，设计通过特定的植被来营造不同季节气氛，对于本地市民而言是个体验四季变化的场所，增加景区的话题性和趣味性。

### 1．基地分析

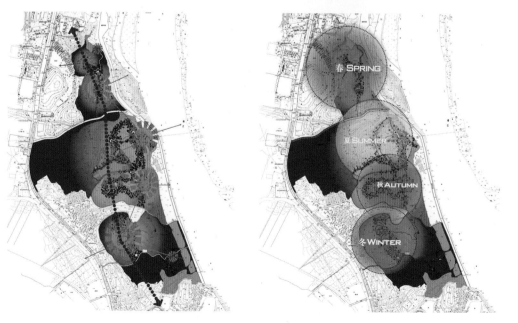

水塘
景区入口
观景台
观景长廊
观景台
机动车道
自然绿色停车场
休憩品茗区
健身平台
梨花苑(服务区)
卫生间/残疾人卫生间
梨花林
观景亭
观景台
服务区平台(电瓶车上落点)
电瓶车车道
竹林
观景长廊
滨水荷塘
农舍(服务区)
观景台
枫林
机动车停车场
观景亭
梅花林
休闲广场
电瓶车停车场
电瓶车停靠点
观景台
码头

荔韵公园规划总平面图

荔韵公园景观节点分析图

**图例**

❀ 入口
❀ 主要景观节点
◄···· 中心轴线
◄◄◄◄ 景观视线

荔韵公园景观创意时间序列示意图
春夏秋冬
春——梨花沾雨
夏——斜阳夕照写竹桥
秋——枫林海棠
冬——梅花朵朵风前舞

## 2. 概念草图

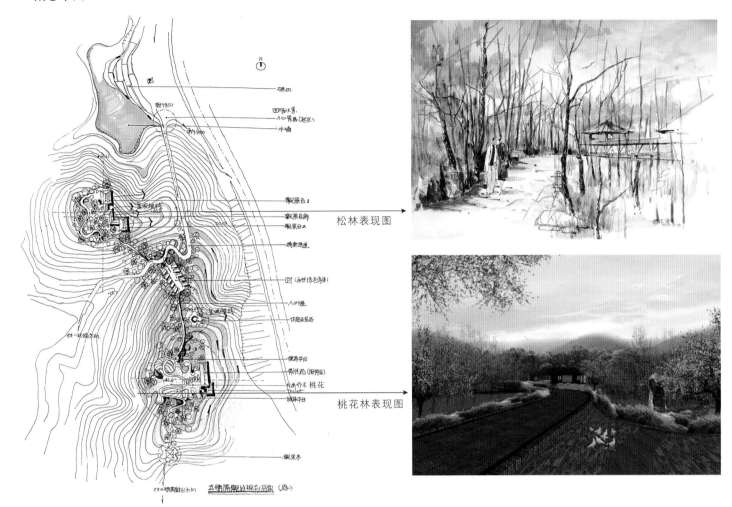

松林表现图

桃花林表现图

荔韵公园石角猪仔岭景观线路节点与视线图

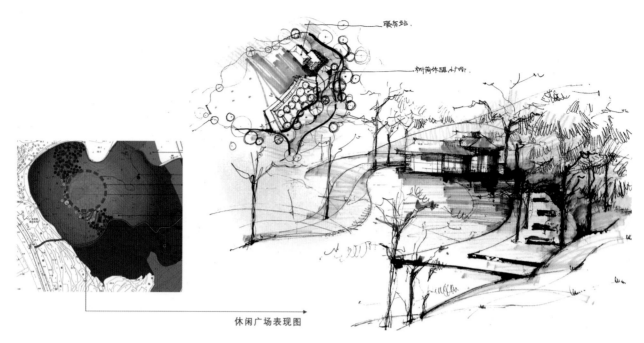

休闲广场表现图

荔韵公园巫屋景观线路节点与视线图

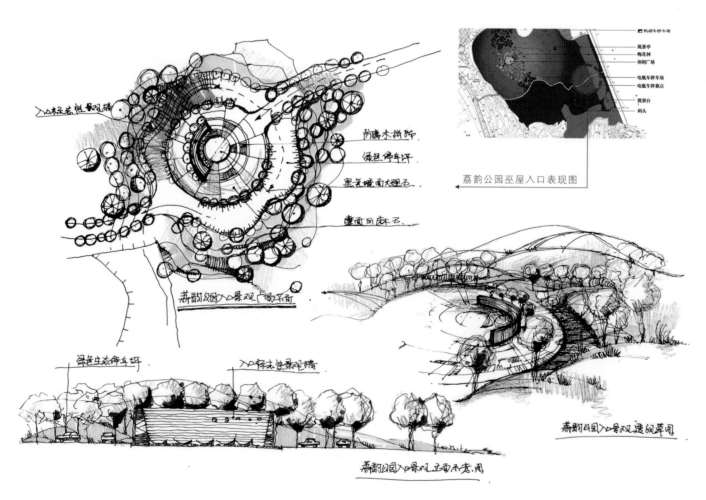

荔韵公园巫屋入口表现图

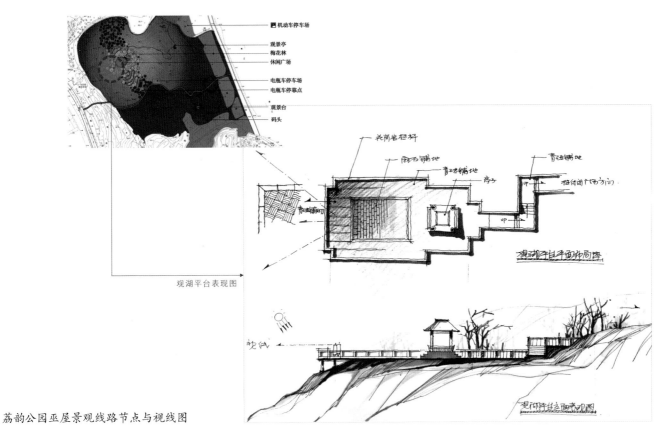

荔韵公园亚屋景观线路节点与视线图

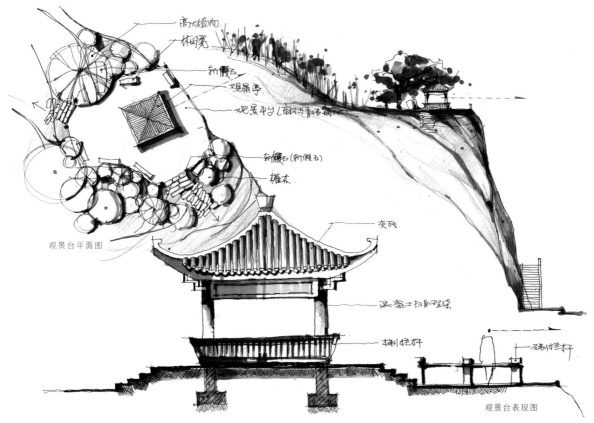

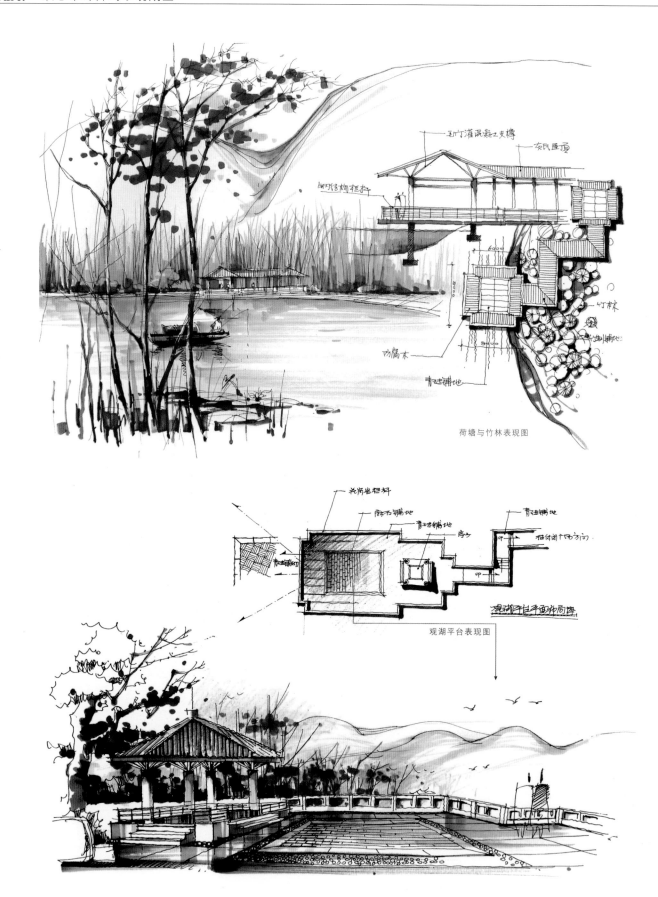

荷塘与竹林表现图

观湖平台表现图

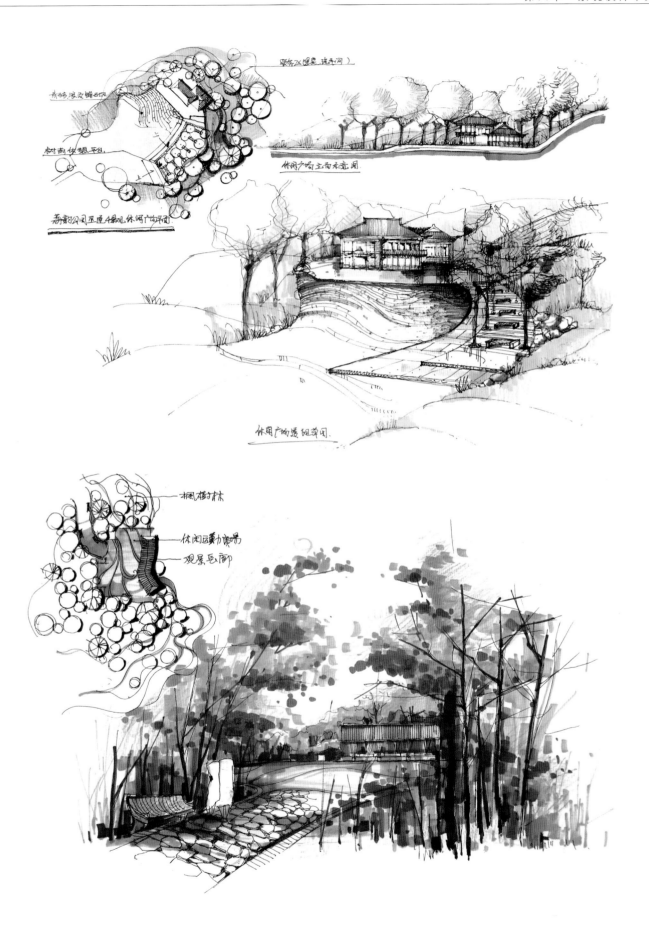

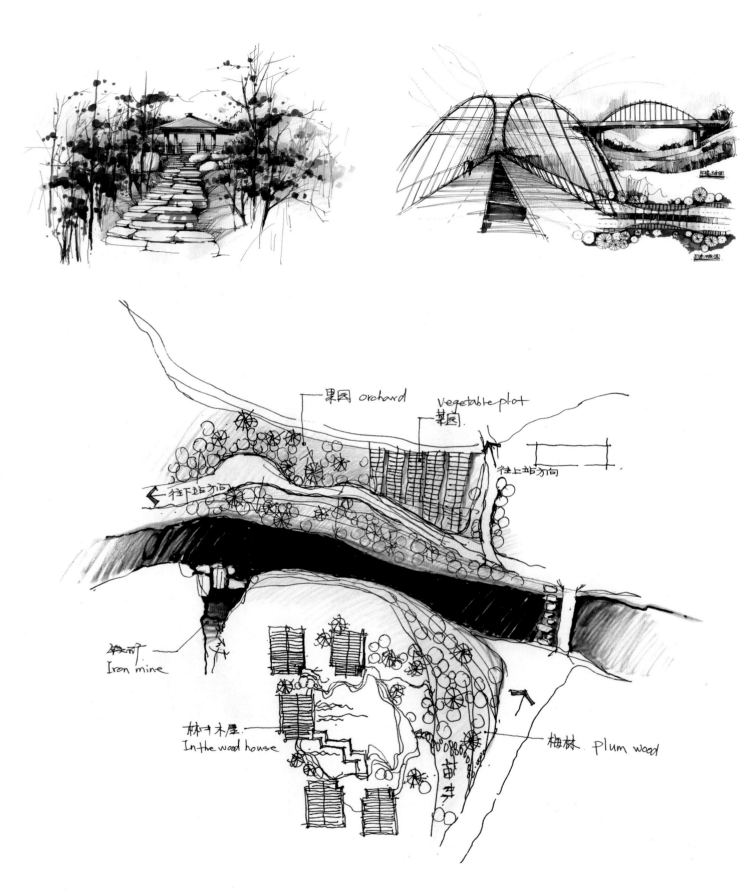

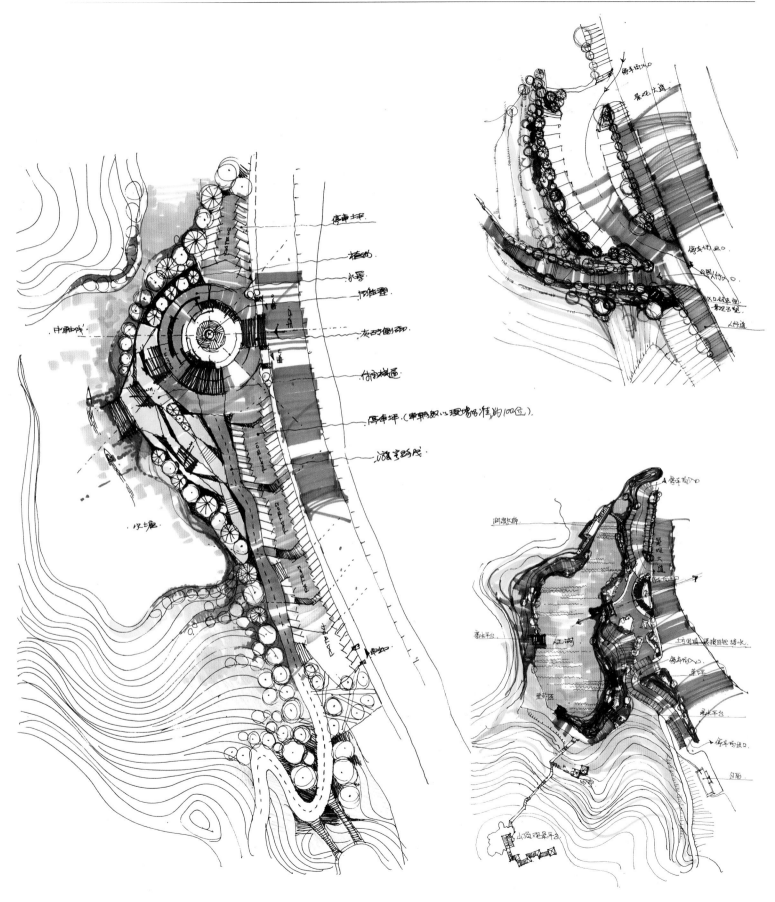

## 3．方案

此案例由广州森昊设计公司供稿。

# 第五章 景观设计手绘欣赏

作者：王雯静 别墅景观

作者：王雯静 移动办公总部

作者：王少斌　庭院景观

作者：王雯静 广西医院

作者：王雯静　别墅景观

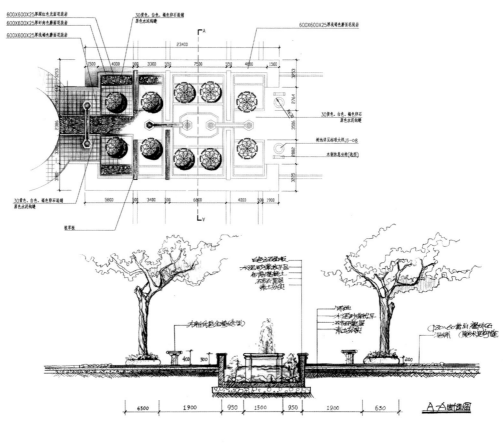

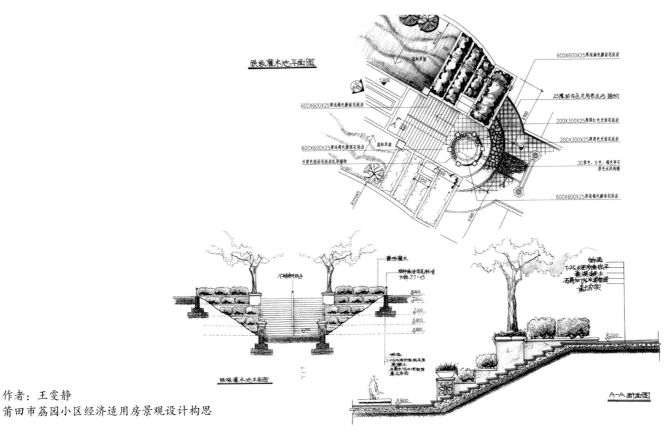

作者：王雯静
莆田市荔园小区经济适用房景观设计构思

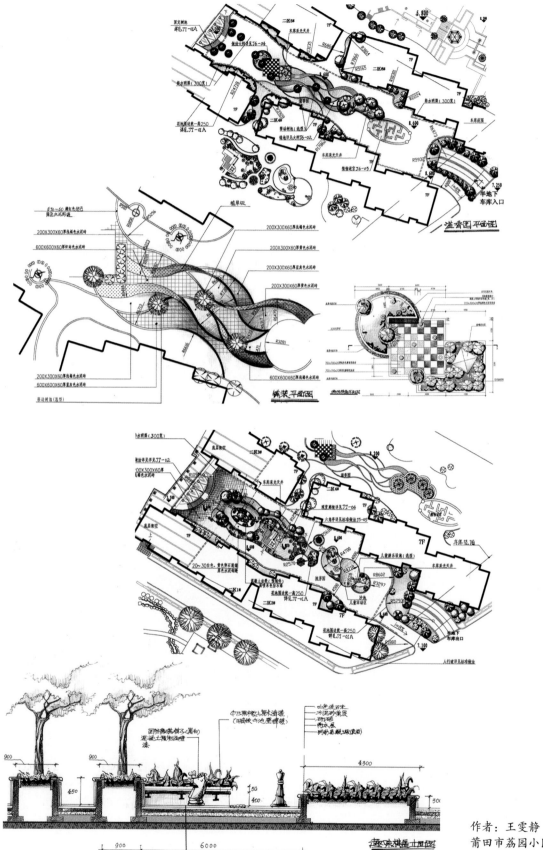

作者：王雯静
莆田市荔园小区经济适用房景观设计构思

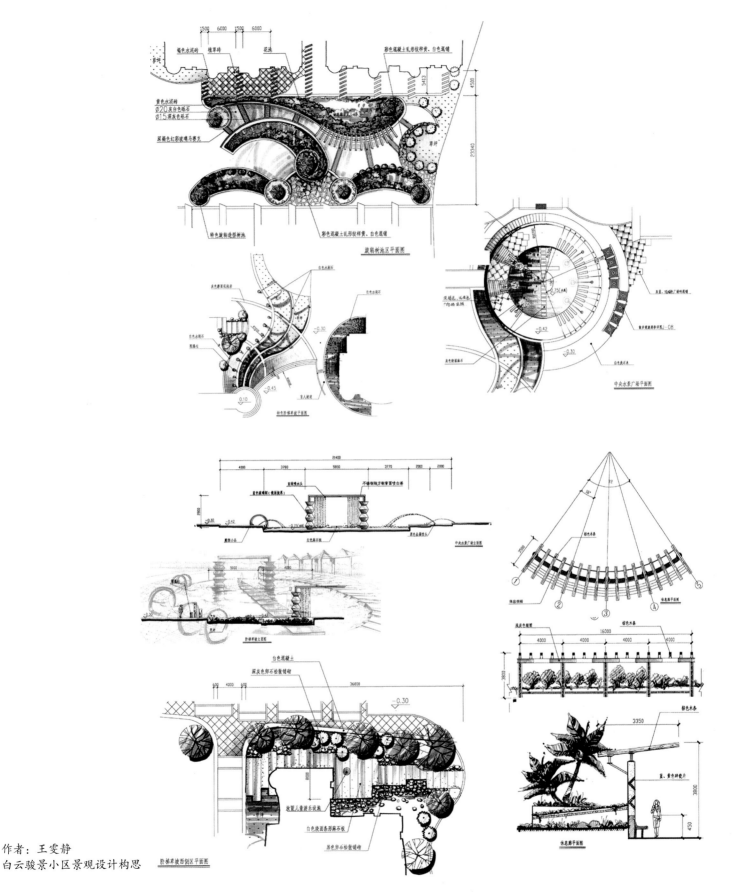

作者：王雯静
白云骏景小区景观设计构思

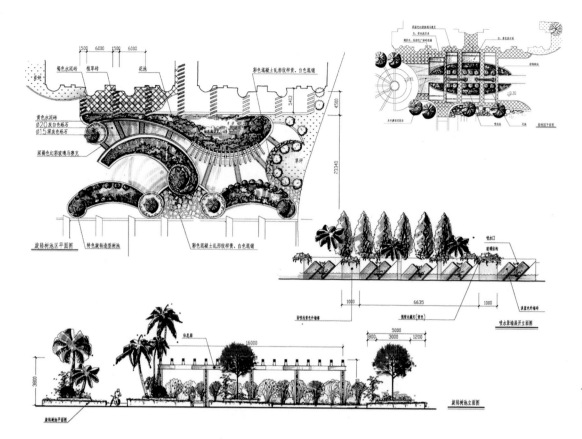

作者：王雯静
白云骏景小区景观设计构思

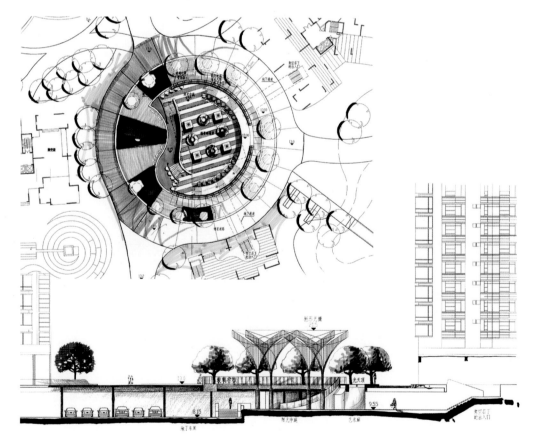

作者：王雯静
光大花园园林设计构思

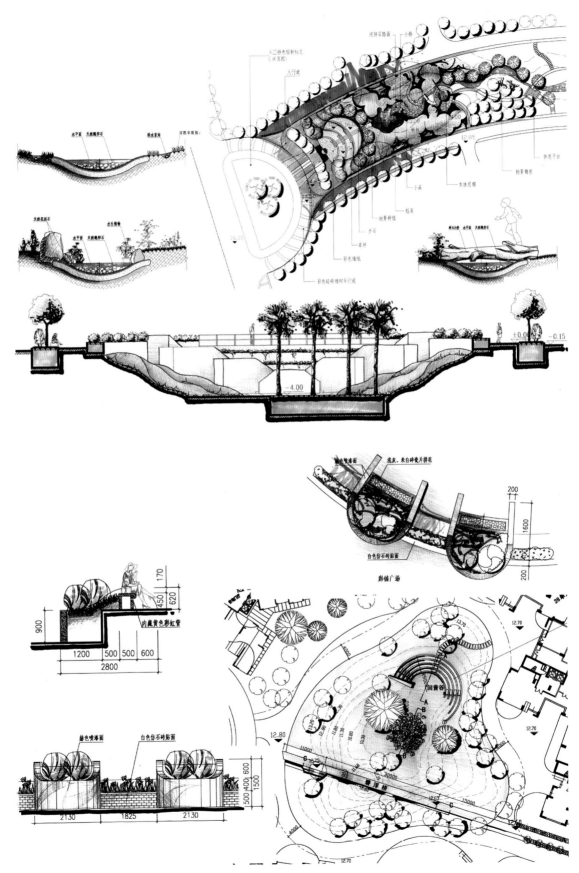

作者：王雯静
光大花园园林设计构思

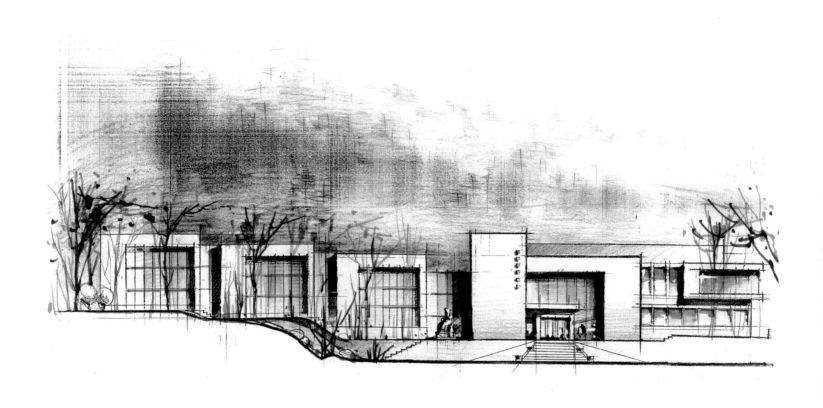

景观设计方案

# 参考文献

[1]保罗·拉索．图解思考——建筑表现技法[M]．北京：中国建筑工业出版社，2002．

[2]曹意强．两种知识类型？——论艺术的智性（一）[J]．《新美术》，2013.1

[3]唐骅．视觉艺术论[M]．北京：首都师范大学出版社，2008．

[4]王少斌．"如画"的观念山水画造境观的审美参照[J]．《文艺争鸣》，2012.11

[5]郑曙旸．室内设计思维与方法[M]．北京：中国建筑工业出版社，2003．

[6]乔纳森·安德鲁斯，王晓倩译．德国手绘建筑画[M]．沈阳：辽宁科学技术出版社，2005．

[7]约翰·O·西蒙兹，巴里·W·斯塔克．景观设计学——场地规划与设计手册[M]．北京：中国建筑工业出版社，2009．

[8]钟岚，傅昕．手绘·意　马克笔原理景观手绘表现技法[M]．沈阳：辽宁美术出版社，2011．

[9]王少斌，王雯静．商业空间设计手绘效果图[M]．沈阳：辽宁美术出版社，2011．

## 王少斌

广东财经大学艺术学院副教授

中国美术家协会会员

国家高级环境艺术设计工程师

SUNHO设计机构总设计师

多件设计和绘画作品获国家级、省级奖项

出版专著《空间设计》《家居空间手绘案例》《商业空间设计手绘效果图》

## 王雯静

广州森昊装饰设计有限公司（SUNHO设计机构）设计部主任

景观建筑设计师

中国杰出中青年室内建筑师

毕业于广州美术学院环境艺术专业

香港DESIGN360°观念与设计杂志社特约空间类责任编辑

作品《成都创意产业岛》获2007年"华耐杯"景观工程及方案类二等奖

作品《旧建筑改造—HOBO城市营地》获2006年"为中国而设计"艺术大赛入围奖、

获2006年华人环境艺术设计优秀奖，并参加美、德、法、英、日等十四国巡展